すぐ できる！　よく わかる！

スレッズ Threads & インスタグラム Instagram 入門

イースト・プレス

CONTENTS

Chapter02
Threads 投稿編

Chapter03
Instagram 基礎編

※本書は2023年9月10日の情報を元に制作されています。その後のアップデートやバージョンアップにより、一部の仕様などが変更される場合がございます。予めご了承ください。

Chapter04
Instagram 投稿編

Threads ユーザーになろう！

新たな SNS がこれから始まります。「優しくてフレンドリーな場所」を標榜する SNS は、世界でそして日本ではどの程度受け入れられるでしょうか。まだまだこれからがはじまりです。

Threads はアプリリリース後、一週間ほどで全世界 1 億人ユーザーを獲得しました。これはすでに 20 億ユーザーを獲得している Instagram に付随するアプリであるからこそ獲得できたユーザー数ともいえます。その後、約 1 ヶ月でアクティブユーザー数が急減し、1000 万人弱まで減ったとの報道もありました。さまざまな機能が未実装のまま、Twitter のゴタゴタに乗じて緊急リリースした側面もあるのでユーザー数の減少は運営の Meta 社としても、織り込み済みのようです。常に細かくアップデートして、Web 版の実装など、しっかりとした機能が備わってきており、これからが勝負です。

また、Threads の理念のひとつとして「優しくてフレンドリーな場所をつくる」というのがあります。これは、昨今の SNS に疲れた人々に支持されることでしょう。そして、今後最大の目玉でもあるのが「フェディバース」への接続です。これは、他の SNS などと相互に繋がる仮想世界です。すでに分散型 SNS「Mastodon」との連携を表明しています。これから広がっていく Threads の世界に期待しましょう。

01

Threads 基礎編

イーロン・マスク氏が約6兆4000億円とも言われる金額でTwitter社を買収したのが2022年10月。以降、旧Twitter社の幹部を始めとした社員の解雇整理、仕様の変更を繰り返し続けてきました。既存のTwitterユーザーの反発を買っていた矢先、マーク・ザッカーバーグ氏のMata社が、突如リリースしたTwitterに似た機能をもつテキストSNSアプリがThreads（スレッズ）です。

01 Threads（スレッズ）が世界中に一気に広がった理由

Threads（スレッズ）とはMeta社が2023年7月6日にリリースしたテキスト共有アプリです。リリースからわずか1週間でおよそ1億ユーザーに達したSNSです。テキスト共有……と表記すると、どんなものなのか分かりにくいですが、Twitterと同様の文字を中心としたSNSサービスです。あっという間に全世界に広がった理由は、イーロン・マスク氏がTwitter社を2022年10月に買収完了して以来、行なってきたさまざまな改変が既存ユーザーとの軋轢を生んだからです。決定的だったのは2023年7月から始めた「閲覧制限規制」。これによりTwitterが不安定になったタイミングでMeta社がThreadsを開始。これを契機にユーザーが大流入しました。

ちなみにMeta社の旧社名はFacebookで、Facebookを起ち上げたマーク・ザッカーバーグの会社です。Meta社が運営している主なサービスは、FacebookとInstagram（インスタグラム）です。そして、今回リリースしたThreadsの正式名称は「Threads,an Instagram app」で、Instagramに付随するテキストアプリという位置づけになっています。そのため、Threadsを利用するためにはInstagramアカウントが必須となっています。

POINT 01 Twitterに対抗する形でThreadsが登場

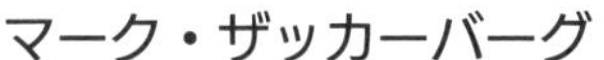

イーロン・マスク

Facebook

Instagram

Threads

X（Twitter）

Facebooks創設者のザッカーバーグ氏のMeta社はSNS界では圧倒的なガリバー。一方、Twitterを買収したイーロン・マスク氏のX社はX（旧Twitter）のみ。

POINT 02 各SNSのユーザー数は大きな開きがある

	サービス名	世界のユーザー数（推定値）
1	Facebook	29億9000万人
2	Instagram	20億人
3	TikTok	10億500万人
4	X(Twitter)	5億4000万人

上記の表は月間利用者数です。世界規模で見るとユーザー数はFacebookとInstagramが圧倒的です。

	サービス名	日本のユーザー数（推定値）
1	X(Twitter)	4500万人
2	Instagram	3300万人
3	Facebook	2600万人
4	TikTok	1690万人

この表には掲載していませんが、日本ではLINEのユーザー数が9500万人と圧倒的になっています。とはいえ、それに次ぐのがX（旧Twitter）となっています。

02 Threadsの特徴 X（旧Twitter）との違い

Threads（スレッズ）は、X（旧Twitter）に対抗して早期リリースされたアプリです。最大の特徴はInstagramがベースにあることです。そのため、ひとつの投稿で画像や動画を10枚（本）まで貼り付け可能です。動画も1本あたり5分までアップロード可能です。また、リリース当初は使い慣れていたXとは用語の違いなどがありましたが、現在ではXのほうが「ツイート」や「リツイート」といった用語を使用しなくなってしまい、InstagramやThreadsで使われている「ポスト」「リポスト」に変更しています。参考までに下記にXとの用語対照表を記します。

	Threads	X（旧Twitter）
投稿の名称	ポスト（投稿）	ツイート→**ポスト** 2023年7月31日に変更
返信	返信（リプライ）	リプライ
引用	再投稿（リポスト）	リツイート→**リポスト** 2023年7月31日に変更
コメント付き引用	クオート	引用リツイート
投稿画面	フィード	タイムライン

01 1回の投稿で使える文字数は500文字

1回で投稿できるテキストは500文字になります。140文字のXと比べてThreadsのほうが優れているというわけではなく、コンセプトの違いです。Threadsは他のユーザーとのしっかりした交流の場、Xは情報の拡散などメディア化しているともいえます。

の場合……140文字（無料ユーザー）／2000文字（有料ユーザー）

02 画像・動画は10枚（本）まで投稿可能

Threadsは母体がInstagramということもあり、1回で写真と動画を10枚（本）まで投稿することができます。複数の写真・動画を投稿した場合は、テキストの下段にサムネイルが並んで表示され、スワイプして閲覧することができます。

の場合……4枚（本）

03 動画は5分まで投稿可能

動画の長さに関しては5分までの動画を投稿できます。1回につき10本投稿することができるので、分割すれば5分×10本で50分の動画を投稿できることになります。

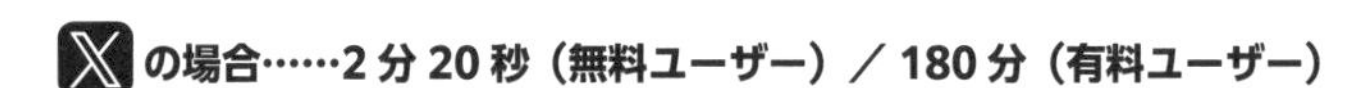
の場合……2分20秒（無料ユーザー）／180分（有料ユーザー）

04 Web版のリリースでどこからでもアクセス可能に

Threadsリリース当初の弱点のひとつとして、スマホアプリでしか利用できず、Web版が無いことが指摘されていました。2023年8月25日に、待望のWeb版Threadsがリリースされ、パソコンからのアクセスが可能になりました。パソコンから動画や写真の投稿ができるようになり、ぐっと投稿しやすくなっています。

03 Threadsを利用するにはInstagramアカウントが必須

Threadsは Instagramに付随するアプリとして提供されています。69ページからの Instagram 基礎編を参照してください。Instagram アカウントが Threads の必須条件となる主な理由は、ユーザーエクスペリエンスの一貫性とプライバシーの確保です。Instagram アカウントを使用することで、ユーザーは既存の Instagram の友達やフォロワーと直接繋がることができ、シームレスなコミュニケーションを実現できます。同時に、Instagram のセキュリティ機能やプライバシー設定を Threads にも適用することで、個人情報の保護が強化されます。また、Instagram アカウントを利用することで、プラットフォーム内のコンテキストを共有し、会話がより豊かで意味のあるものになることが期待されます。これにより、友人やフォロワーとの関係が強化され、コミュニケーションの価値が向上します。

すでに Instagram アカウントを持っている人は、Android スマホの場合は、Google Play、iPhone ユーザーの人は AppStore。Threads を各ストアからダウンロードしてスマホで起動すれば、すぐに利用することができます。

POINT 01 Instagramのアカウントが必須

Instagram

Android

iOS

Instagramのアカウントを持っていない人は、まずInstagramのインストールとユーザー登録が必須になります。

more view → 解説は72ページ

POINT 02 Threadsはストアからインストールしよう

Threads, an Instagram app

Android

iOS

Threads（スレッズ）の更新頻度は、大型アプリとしてはかなり頻繁です。アップデートも大幅に機能が追加されることがあります。まずは各ストアからダウンロードしましょう。Threadsの解説は次ページからです。

04 Threadsを導入する インストールから登録まで

ストアからインストールしたThreadsを起動してみましょう。Instagramアカウントは必須ですが、Instagramを起動しておく必要はありません。ここではInstagramのアカウントは取得済みという前提で進めていきます。

01 Threadsを起動

Threadsを初回起動すると、スマホに入っているInstagramを読み込んで「Instagramでログイン」という表示がでてきます。

02 Instagramでログイン

「Instagramでログイン」を選択→「Instagramからインポート」をタップで、名前・アイコン写真・自己紹介などを自動更新。

03 プロフィール設定

自動的にインポートされました。名前以外の自己紹介とリンクは、枠をタップすると自分で入力することができます。

04 プライバシー設定

プライバシー

Threadsではlnstagramと違うプライバシー設定にすることもできます。詳しくはこちら

公開プロフィール 

Threads利用者以外を含むすべての人があなたのコンテンツを見てシェアやアクションを実行できます。

非公開プロフィール 

あなたのコンテンツを見てシェアやアクションを実行できるのは、承認済みのフォロワーのみです。

次へ

仲間内だけで利用予定なら、非公開プロフィール設定でもOK。

05 フォローアカウント

Instagramでフォローしていて Threadsアカウントも持っているユーザーを表示。フォローするかを選択しましょう。

06 Threadsの案内を読む

Threadsのしくみ

Instagramによる提供

Threadsはlnstagramプラットフォームの一部です。ThreadsとInstagramでのあなたの情報は、ThreadsとInstagramでの広告や他の利用体験のパーソナライズに使用されます。Threadsプロフィールは利用解除できます。削除するには、関連付けられているInstagramアカウントを削除する必要があります。詳細はこちら

フェディバース

Threadsの今後のバージョンでは、Mastodon等の他のプラットフォームを利用している人ともフォローややり取りができる、新しいソーシャルメディアネットワーク、フェディバースを利用できるようになります。詳細はこちら

最後にお知らせが表示されます。しっかりと読んだ上で問題がないと判断したら「Threadsに参加する」をタップ。

05 Threads のインターフェース ホーム画面をマスターする

Threads を起動するとこのような画面構成となります。直感的な操作が可能なインターフェースですので、実際にいろいろと触って確認しましょう。

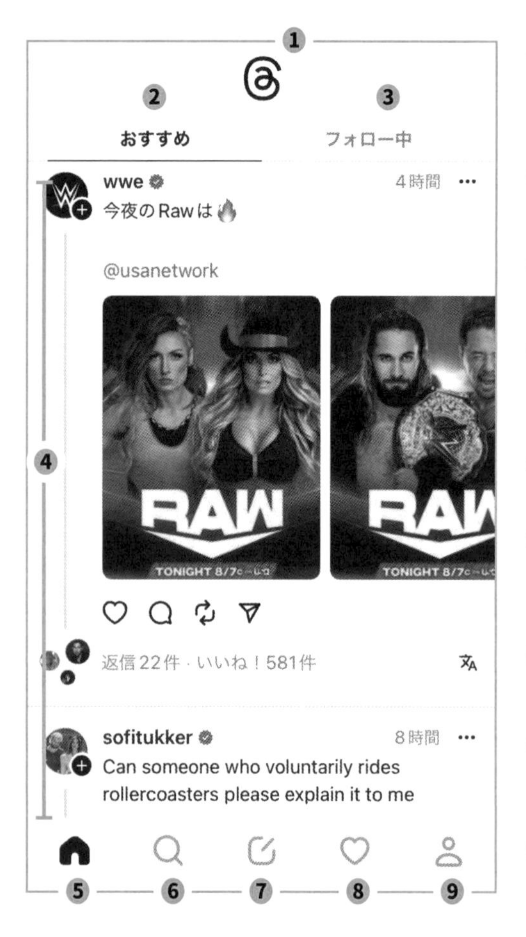

1 Threads マーク
フィードに「おすすめ」と「フォロー中」の選択画面を表示します。

2 おすすめ
おすすめの投稿を自動表示。

3 フォロー中
フォロー中の投稿のみを表示。

4 フィード画面
このエリアに写真や動画を含めて、各投稿が表示されます。

5 ホーム画面
フィード画面が表示されます。

6 検索
キーワードでアカウントを検索できます。

7 新規投稿
自分の新規投稿を書きます。

8 アクティビティ
フォロワーや返信などの一連の動きを表示する。

9 プロフィール
プロフィール画面を表示します。

ホーム画面の操作

01 Threads マークをタップ

初期のホーム画面では、おすすめの投稿が表示されています。最上部のThreads マークをタップしましょう。

02 おすすめ／フォロー中が表示

「おすすめ」と「フォロー中」というメニューが表示されます。

03 フォロー中の投稿だけを表示

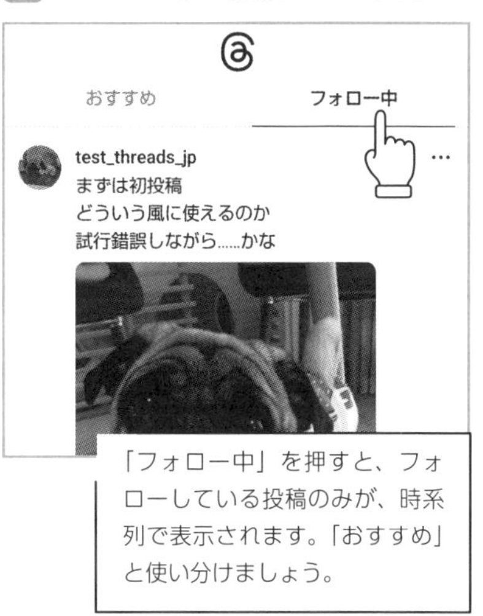

「フォロー中」を押すと、フォローしている投稿のみが、時系列で表示されます。「おすすめ」と使い分けましょう。

04 最上部を長押しして下方向

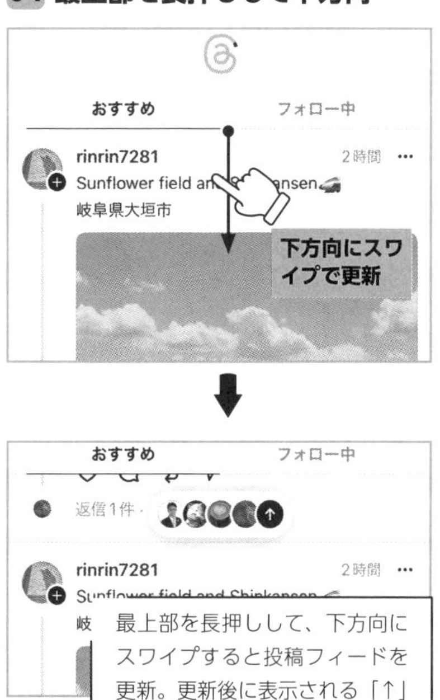

最上部を長押しして、下方向にスワイプすると投稿フィードを更新。更新後に表示される「↑」を押すと最上段まで飛べます。

06 登録後のプロフィールを編集する

Threads 登録後のプロフィール編集です。Instagram のアカウントと紐付けされているため、Threads と Instagram を完全に分けて利用することは難しくなっています。完全に別で運営したいのであれば、Instagram で新しいアカウントを取得し、そこに新しい Threads を紐付けましょう。

01 プロフィール画面を表示

「プロフィール」画面の「プロフィールを編集」をタップ。

02 アイコンの変更

プロフィールの編集画面が表示されます。まずはアイコンをタップ。

03 ライブラリから選択

「ライブラリから選択」はスマホ内の写真からアイコンとなる写真を選択できます。「Instagram からインポート」を選択すると Instagram と同じアイコンとなります。

04 スマホ内の写真を選択

アイコンにしたい写真を選択します。スマホ内の写真フォルダから探すことができます。選択したら、サイズを画面に合わせて調整しましょう。

05 自己紹介文の入力

名前はInstagramアカウントにリンクされているため、ここでは変更できません。

新たに Threads 用のプロフィールとして入力できるのは「自己紹介」と「リンク」になります。変更したい部分をタップすると、入力ボックスが表示されます。自由に入力しましょう。なお、すべてのプロフィールで「Instagram からインポート」が可能です。「名前」は Instagram と同一になり、Threads では変更できません。Instagram を起動して Instagram 上で変更となります。

07 プッシュ通知設定 通知をカスタマイズする

Threads からのプッシュ通知を自分好みにカスタマイズすることができます。一時的に通知全体を拒否する場合は、「すべて停止」から停止する時間を設定します。また自身の使い方に応じて、個別に細かく通知設定が可能です。いつでも設定変更が可能ですので気軽に試してみましょう。

01 プロフィール画面を表示

「プロフィール」画面から右上の二本線「詳細」をタップ。

02 お知らせをタップ

「設定」画面が開きます。「お知らせ」というメニューがプッシュ通知設定になります。

03 プッシュ通知

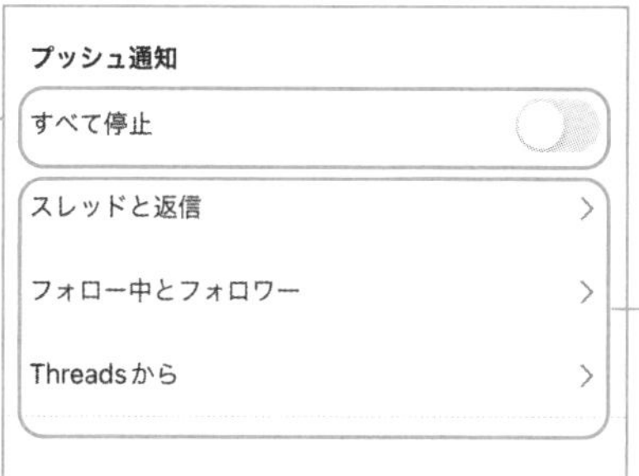

プッシュ通知

すべて停止

スレッドと返信

フォロー中とフォロワー

Threadsから

「プッシュ通知」の設定画面になります。「すべて停止」で一時的にすべてのプッシュ通知を表示させなくできます。細かく設定する場合は個別設定できます。

04 プッシュ通知を「すべて停止」

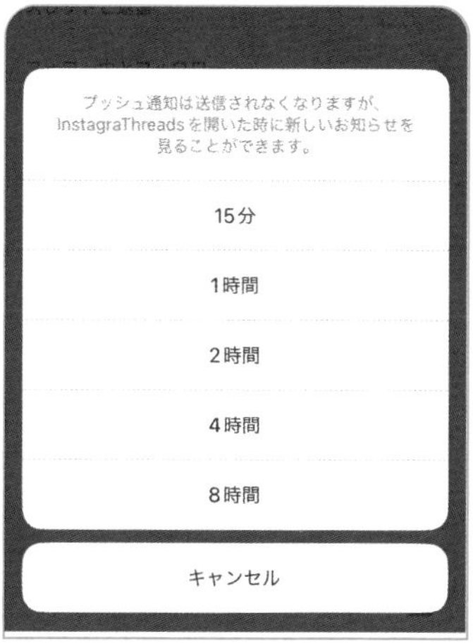

プッシュ通知は送信されなくなりますが、InstagraThreadsを開いた時に新しいお知らせを見ることができます。

15分

1時間

2時間

4時間

8時間

キャンセル

すべてのプッシュ通知を停止する場合は、時間の設定が必要になります。最短で15分、最長で8時間の間、すべてのプッシュ通知を停止します。

05 個別のプッシュ通知設定

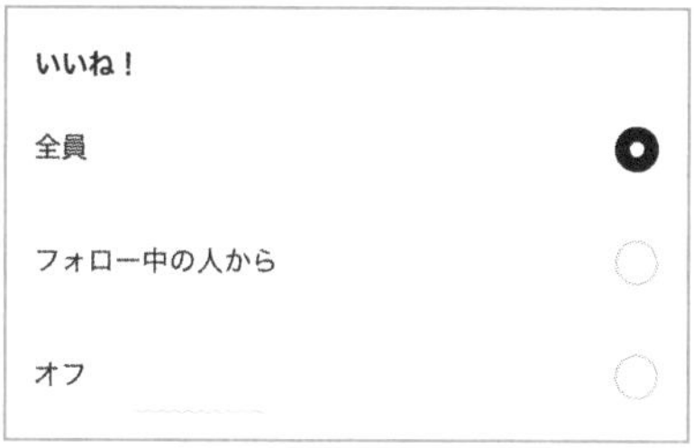

いいね！

全員

フォロー中の人から

オフ

スレッドと返信

いいね！
返信
メンション
再投稿
引用
初めてのスレッド

フォロー中とフォロワー

新規フォロワー
フォローリクエストの承認
アカウントのおすすめ
事前フォローしたユーザーのThreadsへの参加

Threadsから

デイリーダイジェスト
リマインダー
製品に関するアナウンス
フォローのおすすめ

個別設定では、上記の項目のオン／オフが可能になります。自身の使い方に応じて設定しましょう。

08 友人や気になるユーザーを検索してフォローする

Threadsの検索ボタンでは、他のユーザーアカウントを検索することができます。ユーザー名やお店の名前、企業名などが分かっている場合は、検索窓に直接入力しましょう。

趣味や興味のキーワードを検索することで、関連性の高いアカウントを探すテクニックもあります。

01 検索ボタンをタップ

ホーム画面最下部の「検索」ボタンをタップ。

02 検索窓からキーワード入力

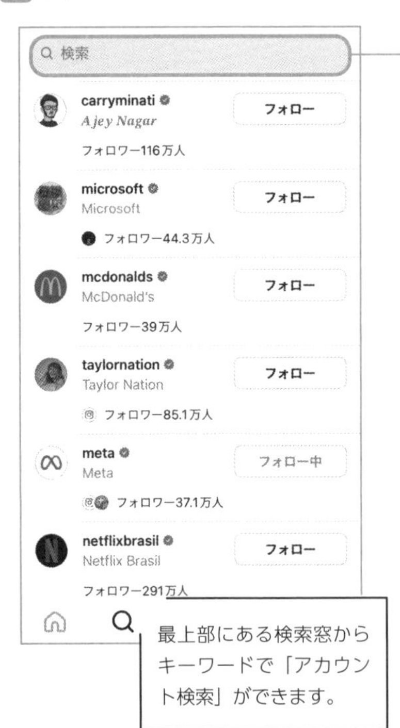

最上部にある検索窓からキーワードで「アカウント検索」ができます。

03 ユーザー名で検索

フォローしたいユーザー名が分かっている場合は、ユーザー名を入力しましょう。右に表示される「フォロー」をタップでフォロー完了。

04 キーワードで検索

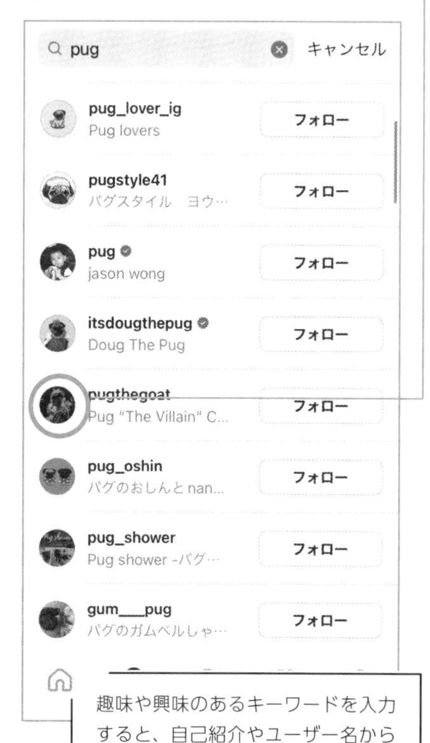

趣味や興味のあるキーワードを入力すると、自己紹介やユーザー名から検索結果を表示。気になるアカウントがあれば、アイコンをタップ。

04 フォローをタップ

タップしたアカウントのフィード画面が表示されます。投稿内容を見て気になったら「フォロー」をタップでフォローできます。

フォローすると「おすすめ」に関連アカウントが表示されます。

09 フィードから素早くフォローする

投稿者のアイコンをタップするだけで、フォローするか、しないかの選択ができます。「フォロー」を選べばフォロー完了です。フォロー中の投稿者アイコンをタップすると、フォロー解除するかしないかの選択が可能です。素早く「フォロー／解除」の切り替えができます。

01 投稿者のアイコンをタップ

フィードに流れてくる投稿で気になるものがあったら投稿者アイコンをタップ。

02 フォロー解除も簡単

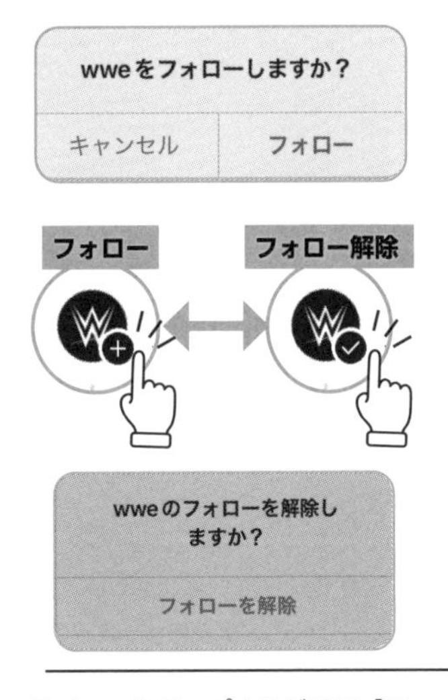

アイコンをタップするだけで「フォローしますか？」のウインドウが表示。フォローした後に再度アイコンをタップすると解除ができます。

インフルエンサーなどをフォローする

著名人やインフルエンサーのThreadsをフォローしたい場合は、名前で検索をして自身で探す方法もありますが、外部サイトの「Threads人気ランキング」などを参考にするとよいでしょう。現在のフォロワー数の多いアカウントなどが、ランキング形式で分かります。

Threads人気ランキング

https://Threads-ranking.userlocal.jp/

株式会社ユーザーローカル

11 Instagram のフォロワーをフォローする／招待する

Instagram でフォローしているアカウントは、Threads の公開プロフィールを持っていれば、設定から簡単にフォローすることができます。また、Threads を始めたことを SMS やメール、LINE などで友達に告知することもできます。

01 プロフィールから「設定」

ホーム画面最下部、右端の「プロフィール」ボタンをタップ。右上の二本線で「設定」。

02「友達をフォロー ....」

「設定」画面が開きます。一番上にある「友達をフォロー・招待する」を選択しましょう。

03 友達をフォロー・招待する

く 戻る　友達をフォロー・招待する

Instagramからアカウントをフォロー

SMSで友達を招待

メールで友達を招待

方法を選択して友達を招待

「友達をフォロー・招待する」画面が開きます。メニューにあるものを順番に見ていきましょう。

04 Instagramからのアカウントををフォロー

紐付けているInstagramアカウントでフォローしているユーザーで、Threadsの公開プロフィールを持っている人が表示されます。「フォロー」を押すと、すぐにフォローできます。相手が非公開プロフィールの場合は、フォローリクエストを送信します。

05 SMSで友達を招待／メールで友達を招待

キャンセル

EPiZOUからThreadsへの招待がありました 

宛先:

Cc/Bcc、差出人:

件名: EPiZOUからThreadsへの招待がありました

@test_threads_jpとしてThreadsを利用中です。スレッドとリプライをフォローするには、アプリをインストールしてください。
https://www.threads.net/@test_threads_jp

iPho

SMSやメールで写真のようなテキストがテンプレートとして下書きされ、送ることがきます。文章自体は少し書き直したほうがよいでしょう。

06 方法を選択して友達を招待

スマホに入っているさまざまアプリを介して招待ができます。写真はLINEでの招待送信画面。プロフィール写真まで読み込まれます。

12 閲覧テクニック①
投稿の基本閲覧方法

Threadsでは一回の投稿につき画像を10枚まで貼り付けることが可能です。複数貼り付けられている画像を閲覧するには、画像をスワイプします。また、アカウントのプロフィール画面から、そのアカウントが今までどのような返信をしているのかを閲覧できます。フォローの参考にしましょう。

01 画像を左にスワイプ

複数貼り付けられた投稿は、画像が見切れているので見た目で判断ができます。

02 画像は左右にスワイプ

画像を左にスワイプすると、残りの画像が表示されます。左右にスワイプして閲覧可能です。

03 投稿画面のタップポイント

投稿者のユーザー名をタップでプロフィール表示。返信・いいね！のテキストをタップで返信を表示します。

04 返信コメントの表示

他のユーザーがどのような返信をしているかが確認できます。

05 プロフィールを表示

アカウントのプロフィール画面に遷移します。アカウントの投稿を一覧表示する「スレッド」と「返信」を確認できます。

06 アカウントの「返信」一覧

フィード欄を左右にスワイプすることで「スレッド」「返信」「再投稿」を切り替えます。「返信」は、投稿に対するコメントの返信だけでなく、他の投稿のコメントも表示されます。

13 閲覧テクニック②投稿動画の閲覧方法

Threads では 1 本につき 5 分までの長さの動画を投稿することができます。Instagram との連携があるので、フィード上に動画が多く投稿される傾向があります。動画の再生自体は難しいことはありませんが、音声のオンオフだけは気を付けて再生しましょう。

01 フィード上では音声オフ

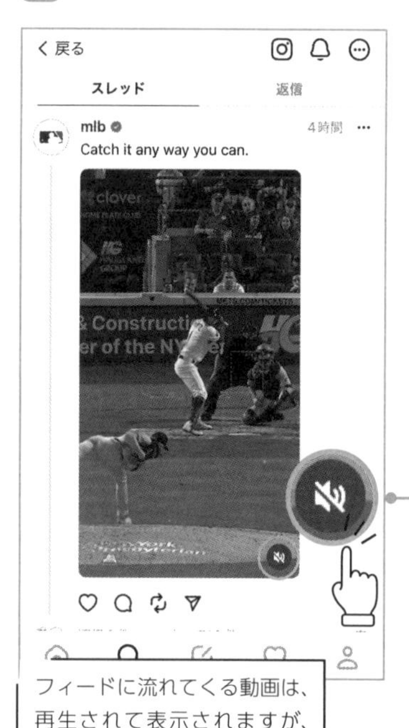

フィードに流れてくる動画は、再生されて表示されますが、音声がオフになっています。

02 タップで音声オン

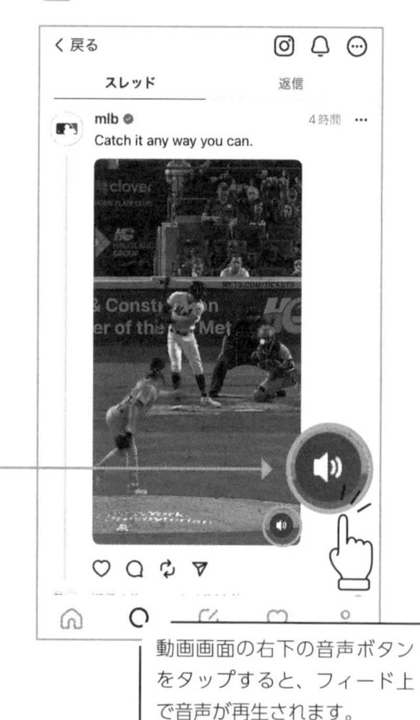

動画画面の右下の音声ボタンをタップすると、フィード上で音声が再生されます。

03 動画をタップで全画面

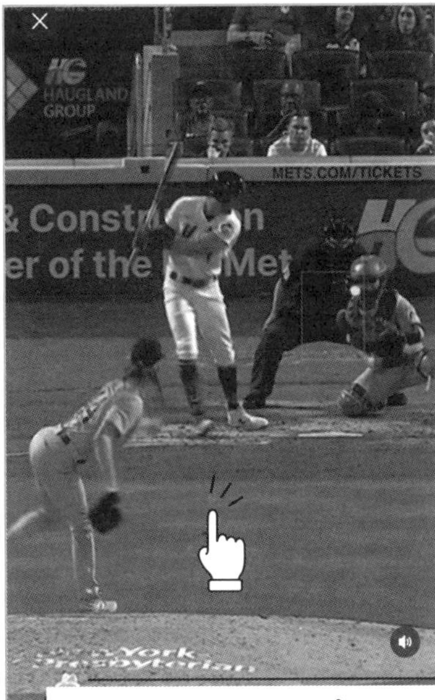

フィード上の動画をタップすると、全画面で表示されます。

04 複数動画はスワイプで表示

動画が複数投稿されている場合は、スワイプすることで選択可能です。

CHECK

動画の音が出ない場合

動画として動いて表示されているのに、音声が無い場合があります。その場合は画像右下の音声ボタンを確認しましょう。音声ボタンが無ければ、動画そのものに音声が無いか、アニメーション GIF という画像ということになります。この場合は音声が無いので音は出ません。

音声ボタンがあるが音が出ない場合

2004年から続く大会で、日本での開催は今回初めてです。大会には、50の国から選ばれた2000人のプレイヤーが頂点を目指しました。

音声ボタンが表示されているのに、音声が再生されない場合があります。まずはアプリを再起動してみて、それでも再生されなければ、Web 版 Threads で閲覧しましょう。ブラウザでは音声が再生されます。

more view → 37・40 ページ参照

14 投稿（ポスト）へのアクション「いいね！」をする

投稿で気に入ったもの、フォロワーの投稿など、気になったものは積極的に「いいね！」を付けていくとよいでしょう。付け方は簡単。投稿の下段に表示されている左端のハートマークを一回タップするだけです。「いいね！」を付けた投稿はハートマークが赤色に変わります。

01 投稿の下のハートマーク

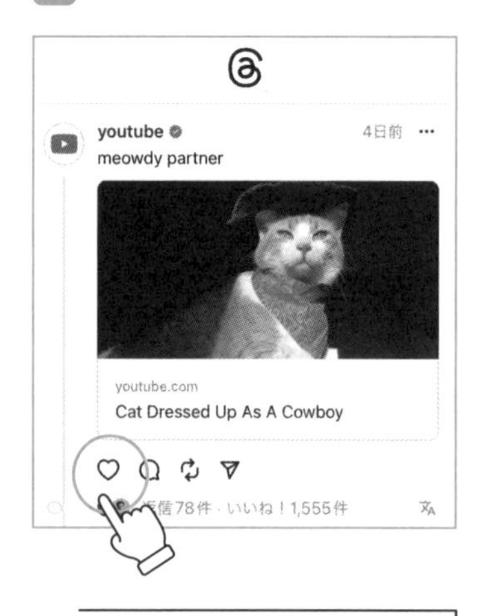

フィードに流れてくる投稿は、テキストのみでも、画像付きでも、動画付きでも、投稿の下段に表示されているハートマークをタップすれば、「いいね！」を付けたことになります。

02 いいね！の取り消し

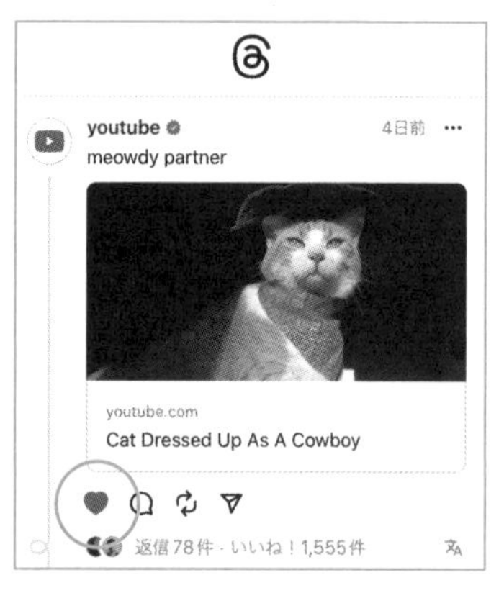

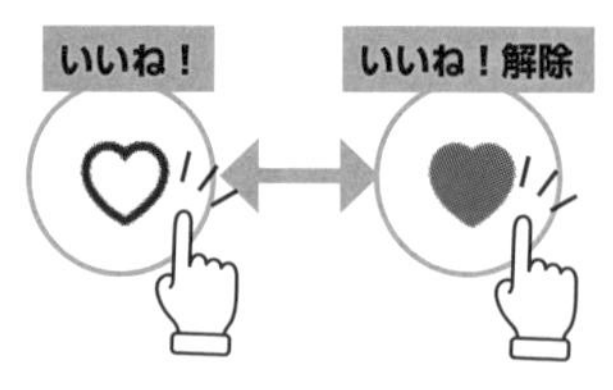

もう一度ハートマークをタップすれば、「いいね！」の解除です。

15 自分が「いいね！」した投稿を一覧で見る

プロフィール画面の設定ボタンをタップすると、「設定」画面が表示されます。設定から「あなたの『いいね！』」を選択しましょう。今まで「いいね！」を付けた投稿が一覧で表示され、いつでも見返せるようになっています。

01 プロフィールの「設定」

プロフィール画面から「設定」を開き、“あなたの「いいね！」”を選択しましょう。

02 いいね！が一覧表示

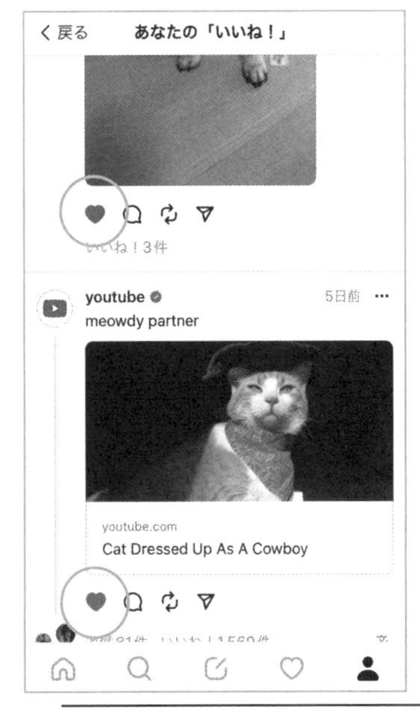

「いいね！」を付けた投稿が一覧表示されます。

16 気になる投稿の画像をスマホに保存する

投稿されている写真やイラストなどをスマホに保存します。保存した写真を投稿したり、アイコンに使用したりするのは著作権法的にアウトですが、自分で見て楽しむといった私的利用の範囲なら、写真やイラスト画像のダウンロード保存は問題ありません。

01 保存したい写真を長押し

test_threads_jp
たった今
獺祭　無濾過純米大吟醸生
磨き三割九分
槽場汲み(ふなばぐみ)
フィードに流れてくる投稿などで気に入った画像や、保存しておきたい画像を見かけたら、画像を長押ししましょう。
Andoroid
画像を保存
画面下部から「画像を保存」というメニューが出るのでタップ。
iOS
コピー
画像を保存
連絡先に割り当てる
画面下部からメニューが出ます。下の方にスワイプして「画像を保存」をタップ。

17 休憩のリマインダー ひと休み表示設定

プロフィール画面の設定ボタンをタップすると、「設定」画面が表示されます。設定から「休憩のリマインダー」を選択しましょう。10分ごと、20分ごと、30分ごとで、ひと休みしませんか？という案内が表示されます。また、受け取らない設定にすると案内を非表示にできます。

01 プロフィールの「設定」

プロフィール画面から「設定」を開き、「アカウント」を選択、「休憩のリマインダー」をタップ。

02 リマインダーの時間設定

く戻る　休憩のリマインダー

ここで指定した時間を超えてThreadsを使い続けると、休憩をすすめるリマインダーが表示されます。

10分ごと

20分ごと

30分ごと

受け取らない

時間経過ごとに、「ひと休みしませんか？」の案内が表示されます。

18 Instagram と Threads を素早く切り替える

Threads は Instagram に付属するアプリです。両者は簡単に切り替えて起動することができます。フォロワーなどが重複しているので、さまざまな場面で切り替えて利用することになります。ここではさっと素早くアプリ間を行き来する方法を解説します。

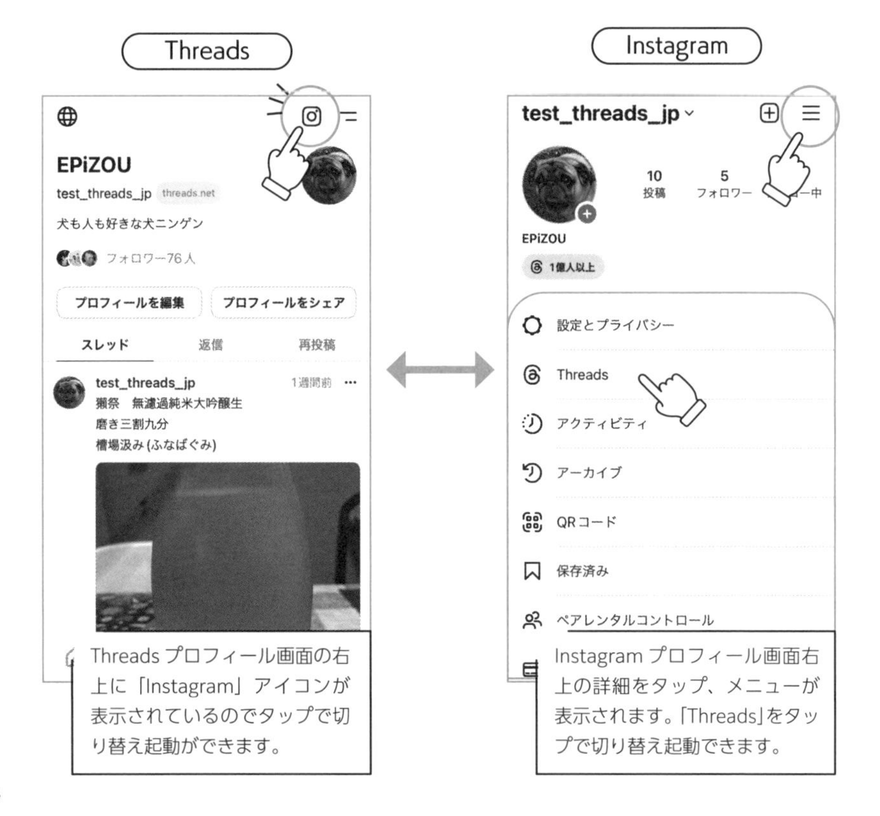

Threads プロフィール画面の右上に「Instagram」アイコンが表示されているのでタップで切り替え起動ができます。

Instagram プロフィール画面右上の詳細をタップ、メニューが表示されます。「Threads」をタップで切り替え起動できます。

19 アプリを使わずに他人の投稿を見る

アプリにログインしなくても、Threads 内の投稿を閲覧する方法です。スマホでもパソコンでもよいので、ブラウザを起動し、下記のアドレスを入力してみましょう。アプリにログインせずに指定したユーザーの投稿が閲覧できます。

20 投稿閲覧テクニック 投稿を翻訳して読む

Threadsは世界中にすでに1億人以上のユーザーがいます。Instagramとの連携もあり、写真・動画付きのテキスト投稿が多数見られます。必然的に海外のユーザーとの交流なども増える傾向があります。投稿文はワンタップで一括翻訳でき、他言語での交流もスムーズです。

01 投稿の右下端「翻訳」ボタン

02 本文が日本語訳される

他言語で投稿されたものには、投稿の右下に小さく「翻訳ボタン」が表示されます。

「翻訳ボタン」を押すと本文が日本語訳表示。写真は英語ですが多言語に対応しています。

英語

guggenheim 4週間前

So it's been a week since we all ditched the bird app. How we feeling?

guggenheim 4週間前

みんなで鳥のアプリを捨ててから1週間経った。 気分はどう?

繁体字

gqtaiwan 5週間前

刷一排8/5 8/6要來Style Fest
抽一個人送一本窪塚洋介的親簽雜誌
大家覺得如何？

gqtaiwan 5週間前

8/5、8/6、スタイルフェストに来るために一列ブラッシュアップ
洋介のプロサイン雑誌のコピーをあげるために人を吸う
大家 覺得如何?

スペイン語

barcelonasc 5日前

Últimos movimientos ⚽.
Finalizada la práctica el plantel queda concentrado y se viaja a Manta 🚌.

barcelonasc 5日前

最後の動き⚽。
練習を終えて、スタッフは集中してマンタへ移動🚌。

韓国語

jun2dakay 5週間前

비가 많이 오니 우산챙기구 😘
비조심
옆사람우산에찔리는거조심
차지나갈때물튕김조심

jun2dakay 5週間前

雨がたくさん降っているので傘のピックアップ 😘
雨に気を付けて
人の傘に落ちないように気をつけよう
お車でお越しの際は揚げ物にご注意ください

フランス語

francerugby 5週間前

😍🖤 Bonne semaine à toutes et à tous, en particulier à nos Bleuets qui sont en finale du Championnat du Monde !
#WorldRugbyU20s #FranceU20
#NeFaisonsXV #MondayMotivation

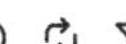

francerugby 5週間前

😍🖤世界選手権の決勝戦にいる私たちのブルースの皆さん、良い一週間を! #NeFaisonsXV #FranceU20 #MondayMotivation

どの言語もそれなりに翻訳されているのがお分かりになるでしょう。日常的な使用には不都合はありません。一部翻訳されない部分は、ハッシュタグや原文の改行の関係だと思われます。

21 Web版 Threads パソコンでThreadsを使う

Threadsはパソコンのブラウザからアクセスできる Web版も提供しています。スマホを起動せずに、パソコンからの投稿・閲覧が可能です。スマホアプリと同様のインターフェースです。時に悩むことなく直感的に使用できます。長文の投稿はパソコンで行うなど、上手に使い分けましょう。

01 投稿の右下端「翻訳」ボタン

上記のアドレスを入力しましょう。次回以降は、お気に入りへの登録がおすすめです。

パソコンでブラウザを起動し、アドレスバー（URL入力欄）に「https://www.threads.net/」を入力して、ThreadsのWeb版にアクセスしましょう。Instagramのアカウントでログインできます。

Instagramのアカウントでログイン。次回からはアカウント情報はブラウザに記憶させましょう。

Web 版 Threads インターフェース

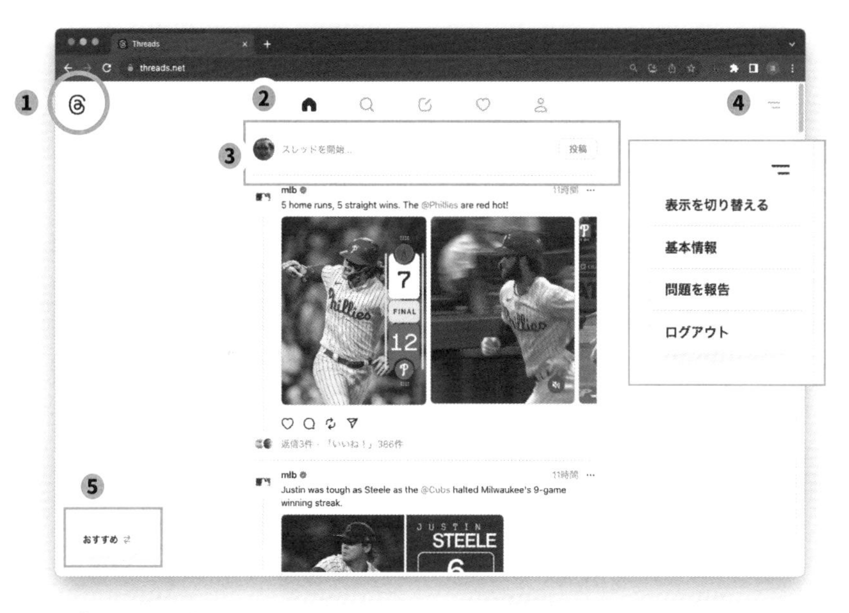

❶ Threads マーク

このマークをクリックすると、フィード画面が更新されます。

❷ 切り替えボタン

アプリ版と同様に左から「ホーム画面」「検索」「投稿」「アクティビティ」「プロフィール」となっています。

❸ 投稿エリア

アプリ版とは異なり、フィード画面の上部に投稿エリアが表示されています。ここからすぐに投稿を作成できます。

❹ 表示切り替え／ログアウト

「表示を切り替える」をクリックすると、背景が黒ベースになります。

❺ おすすめ／フォロー中

このボタンをクリックで、フィードの表示を「おすすめ」と「フォロー中」を切り替えられます。

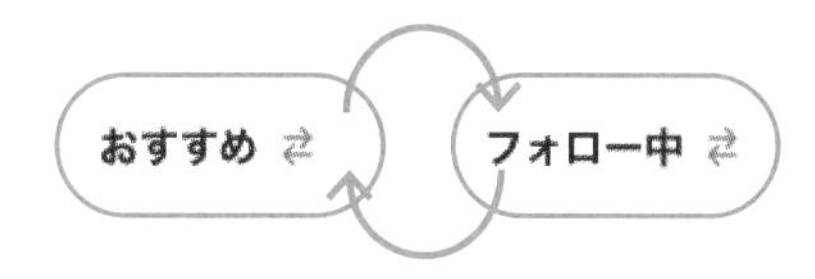

X（旧 Twitter）の未来予想

２００６年からサービスを開始した Twitter は、2023 年 7 月 24 日に名称変更し「X」となりました。サービス内容もいろいろと変化の真っ最中です。これからどうなるのでしょうか。

大富豪イーロン・マスク氏（テスラ CEO、スペース X 創設者兼 CEO）が Twitter を買収した 2022 年 10 月 27 日直後から、マスク氏は Twitter 改革をメディアに語り、実行に移してきました。まずは組織改革。Twitter 社の従業員をリストラし、約 8000 人いた社員を約 1500 人ほどにしました。そして、現在は Twitter 社はマスク氏の X 社に合併し存在していません。2023 年 7 月には、Twitter の「青い鳥ロゴ」を廃止し、イメージカラーの青から黒に、そしてロゴは「X」に変更しました。「ツイート」は「ポスト」に、「リツイート」も「リポスト」に名称変更。また、広告収入に依存していた Twitter の収益構造を変え、有料化（サブスクリプション化）を進めていく方針でアップデートをしています。日本で 2023 年 1 月から開始した「Twitter Blue」（iOS/Android 版共に月額 1380 円）には、認証マークの表示、ポストがタイムライン「おすすめ」に表示されるなどの特典があります。また、無料ユーザーは、１日に送信できるダイレクトメッセージ（DM）の数に制限を設けるなどのアップデートが行われました。今後も有料アカウントの優遇化が進んでいくでしょう。

02

Threads 投稿編

2023年7月6日にサービスを開始したThreads。どういった方向性のSNSになっていくのかは、まだまだ未知数です。しかし、参加している100%のユーザーがInstagramアカウントを持っています。インスタとの併用ということもあり、現時点では非常に平和的な空間となっています。あなたがこれからどういったThreadsライフを過ごすかは、あなたのポストする投稿次第です。

22 通常投稿①
画像付きで投稿する

それではいよいよ、全世界に向けて投稿（ポスト）してみましょう。Threadsでは写真付き投稿が多い傾向にあります。ここでは写真付きの投稿のやりかたを解説します。なお、1回の投稿に貼り付けることができる写真は、最大10枚までです。

01「投稿」ボタンをタップ

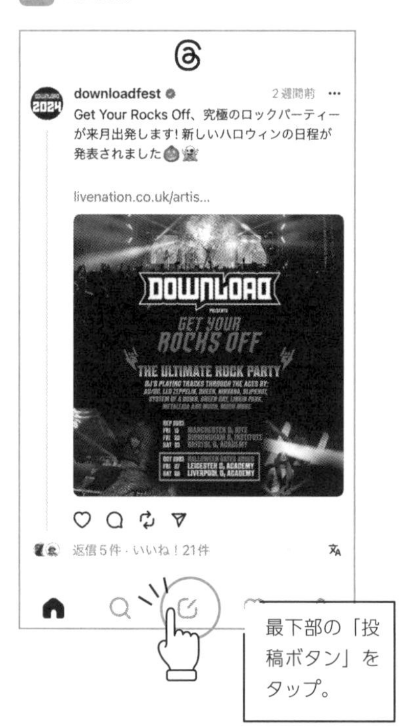

最下部の「投稿ボタン」をタップ。

02 返信の設定

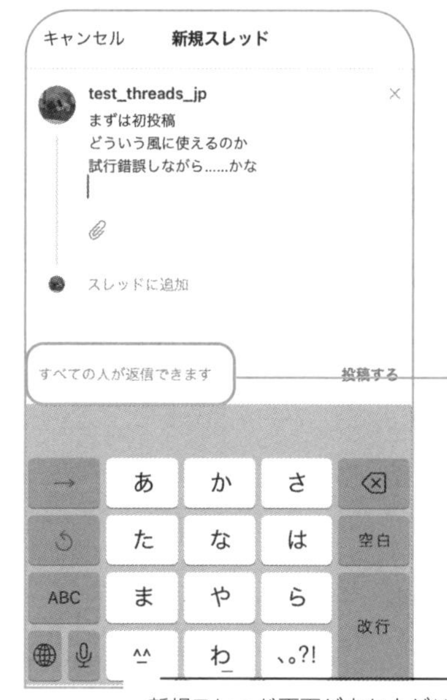

新規スレッド画面が立ち上がります。左下の「すべての人が返信できます」の文字をタップ。

03 写真はクリップマークから

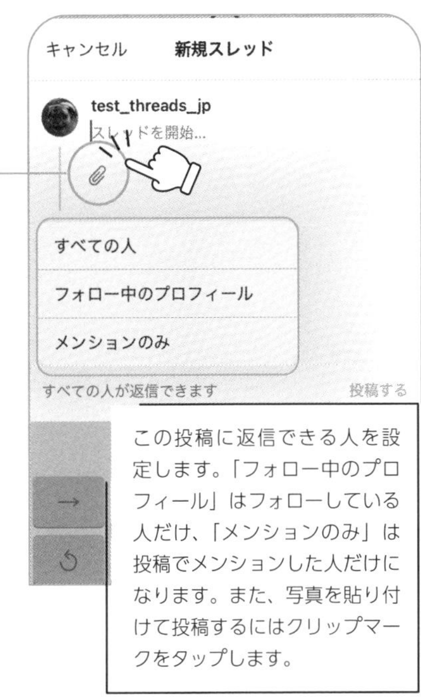

この投稿に返信できる人を設定します。「フォロー中のプロフィール」はフォローしている人だけ、「メンションのみ」は投稿でメンションした人だけになります。また、写真を貼り付けて投稿するにはクリップマークをタップします。

04 写真へのアクセス許可

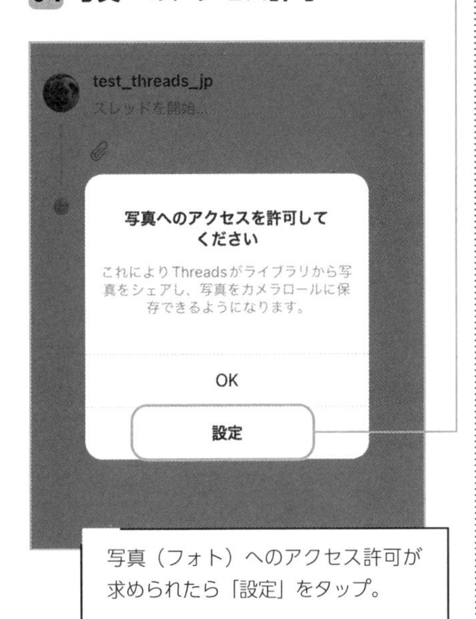

写真（フォト）へのアクセス許可が求められたら「設定」をタップ。

05 スマホのアクセス許可

スマホのセキュリティ設定となります。「写真」をタップして設定しましょう。

06 すべての写真を選択

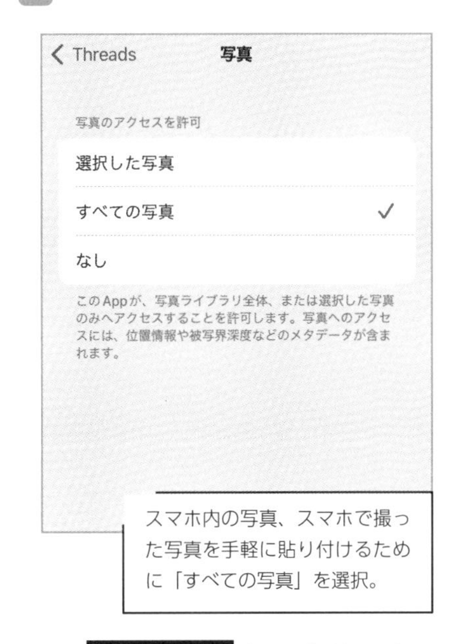

スマホ内の写真、スマホで撮った写真を手軽に貼り付けるために「すべての写真」を選択。

more view → 次ページに続きます

07 クリップマークをタップ

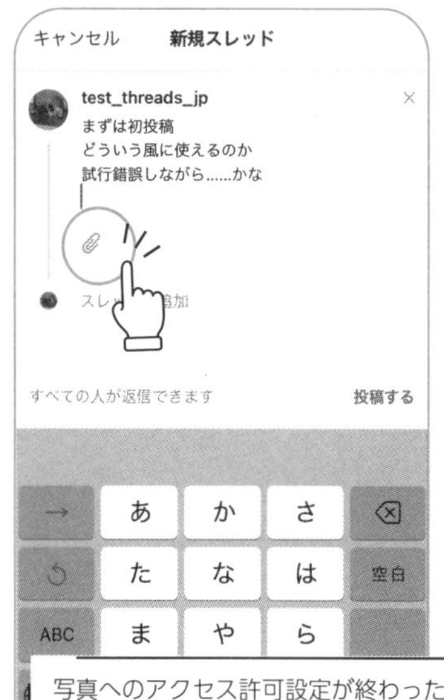

写真へのアクセス許可設定が終わったら、改めてクリップマークをタップ。

08 返信コメントの表示

スマホ内の写真にアクセス。写真／アルバムで投稿する写真を選択。

09 投稿する写真を選択

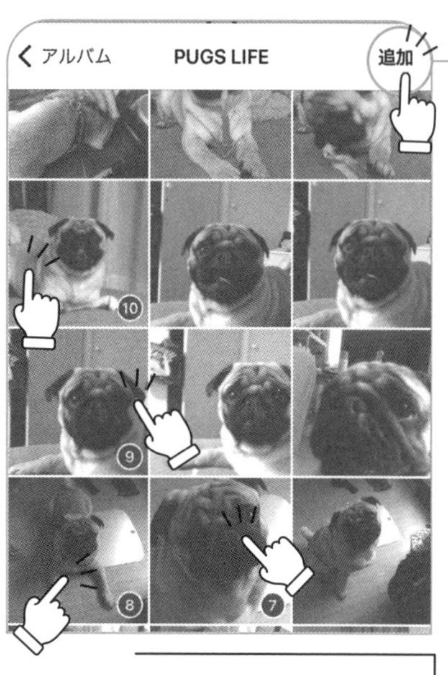

投稿したい写真は10枚まで選択できます。番号順に表示されるので、選択順に注意。選択し終わったら右上の「追加」。

写真を削除したい場合は、写真右上の×マークを押します。

CHECK

画像の左下「代替」とは

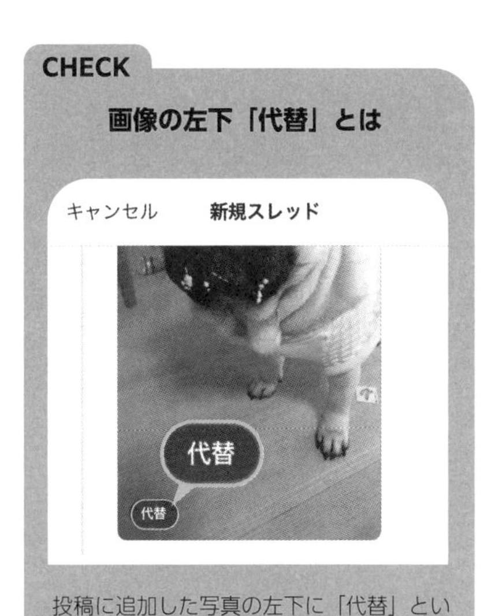

投稿に追加した写真の左下に「代替」というボタンが表示されます。これは視覚障がいのある人のために、写真や動画の説明を文字で入れることができる機能です。

10「投稿する」をタップ

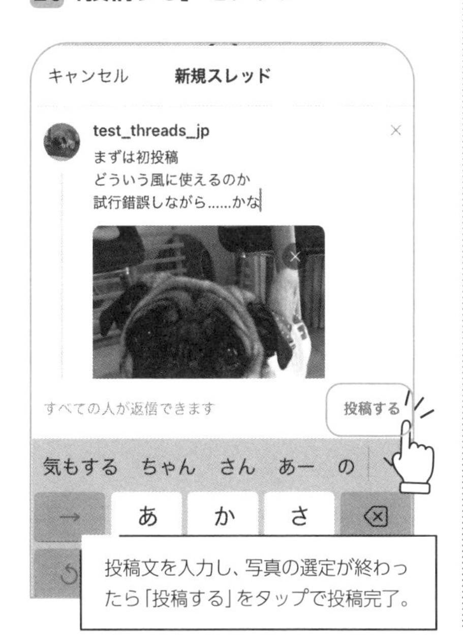

投稿文を入力し、写真の選定が終わったら「投稿する」をタップで投稿完了。

11 ポップアップが表示

投稿が完了すると、「投稿されました」のポップアップが出現。

12 プロフィールから確認

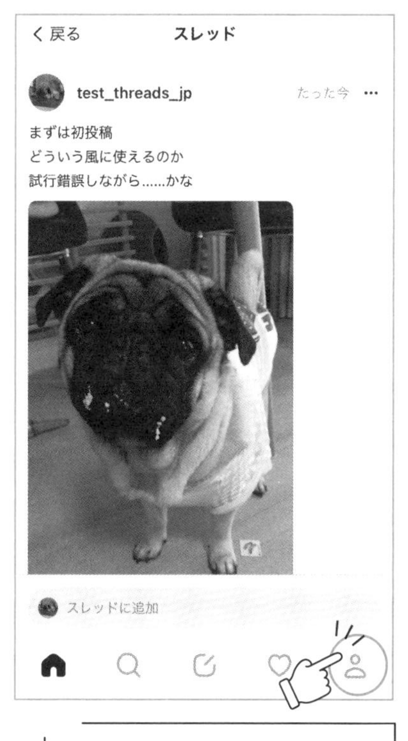

プロフィール画面を表示すると、自分のスレッドを確認できます。

23 通常投稿②
動画付きで投稿する

ここでは動画と一緒に投稿するやりかたを解説します。最長5分までの動画を投稿できます。5分までの動画であれば、1回の投稿で最大10個まで貼り付けることが可能です。また、投稿に写真と動画を混在させても問題ありません。基本的には画像の貼り付け投稿と同様の手順となります。

01「投稿」ボタンをタップ

最下部の「投稿」ボタンをタップ。

02 クリップマークをタップ

新規スレッド画面が立ち上がります。動画を貼り付けるにはクリップマークをタップ。

03 スマホ内の動画を選択

Andoroid

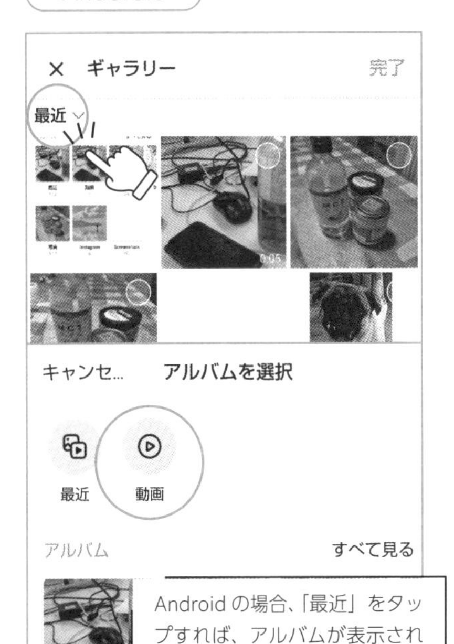

Android の場合、「最近」をタップすれば、アルバムが表示されます。「動画」から探しましょう。

iOS

iOS の場合、「アルバム」をタップしてから下にスクロール。「ビデオ」から探しましょう。

04 貼り付ける動画を選択

動画、ビデオの中から貼り付けたい動画を選択します。5 分以内の動画なら複数 OK です。

05「追加」して文章を入力

「追加」ボタンをタップで動画が貼り付けされます。文字入力で投稿文を挿入しましょう。

24 投稿後のスレッド①返信設定／削除

投稿した自分の投稿（スレッド）は、投稿後に「返信できる人」の設定、「『いいね！』数を非表示」の設定がいつでも可能です。ひとつひとつのスレッドごとに設定を変えることができます。また、投稿したスレッドを削除したいという場合も、このページの手順になります。

01 プロフィール画面

「プロフィール」画面に移動します。

02 投稿先の設定

設定を変更／削除したい自分の投稿（スレッド）をフィードから選択。右上の設定をタップ。

03 写真はクリップマークから

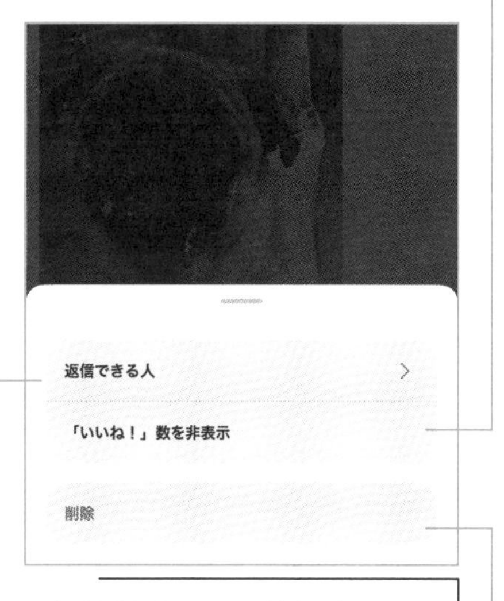

下段からメニューが表示されます。「返信できる人」の設定、『いいね！』数を非表示、そして「削除」です。

04 返信できる人の設定

投稿時にも「返信できる人」の設定ができましたが、投稿後にもここで設定を変更できます、「フォロー中のプロフィール」はフォローしている人だけ、「メンションのみ」は投稿でメンションした人だけになります。

05「いいね！」数の非表示

「いいね！」数を非表示にします。非表示にすると上写真のように表示されることになります。

06 投稿の削除

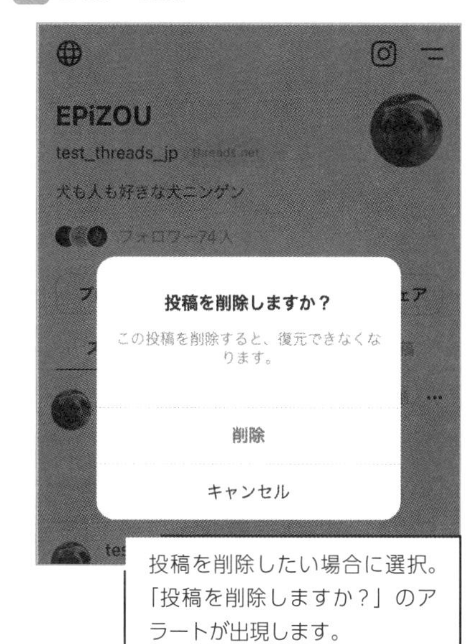

投稿を削除したい場合に選択。「投稿を削除しますか？」のアラートが出現します。

25 投稿後のスレッド②
Instagram で送信

投稿したスレッドをInstagramで送信することができます。少し分かりにくい表現ですが、Instagram での友達やフォロワーに Threads の投稿リンクをシェアする機能です。Web 版の Threads 投稿の URL を送信するので、送られた側が Threads を利用していなくても投稿を閲覧できます。

01「共有」ボタンをタップ

自身のスレッドを表示し、下段の右端「紙飛行機マーク」をタップします。

02 Instagram で送信

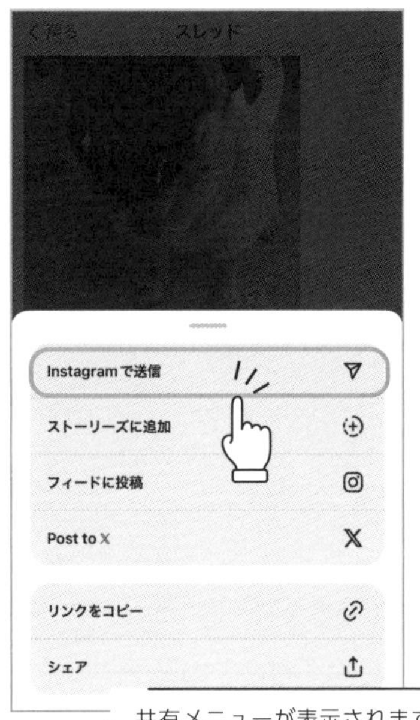

共有メニューが表示されます。ここでは一番上の「Instagramで送信」をタップします。

03 Instagramが起動

自動的にInstagramが起動します。フィード画面の表示は一瞬だけで、すぐに次の画面となります。

04 シェアするユーザーに送信

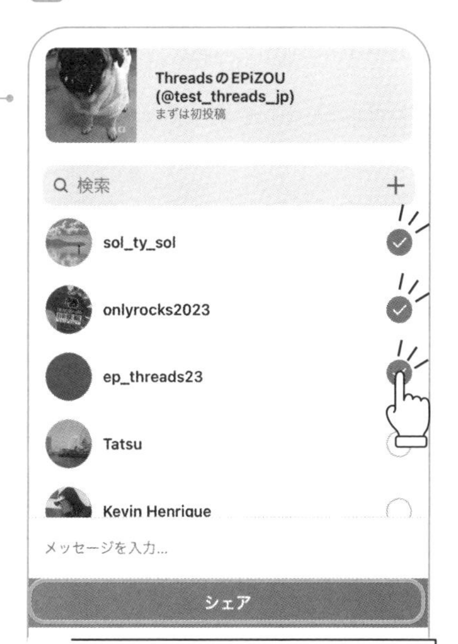

「検索」またはフォロワーからユーザー名を選択します。選択は複数可能です。最後に「シェア」を選択して完了です。

シェアを送られた側

シェアされた側には上記のように表示されます。まず、Instagram上のメッセージとして、投稿のリンク先のURLが通知され、そのリンク先に飛ぶとWeb版の投稿が開きます。

26 投稿後のスレッド③ ストーリーズに追加

投稿をInstagramのストーリーズに追加することができます。Threadsの投稿画面が画像として、ストーリーズに追加されます。その画像の背景にはThreadsと分かるようなアプリの背景が追加されますが、背景をピンチインすることで見えなくするような処理も可能です。

01「共有」ボタンをタップ

投稿の下にある「投稿」ボタンをタップ。

02 ストーリーズに送信

送信メニューが開きます。ここでは「ストーリーズに追加」を選択しましょう。

03 Instagram が起動

Instagram が起動し、ストーリーズ編集になります。画像左下には「Threads から」と表示されます。

ストーリーズとは

ストーリーズとは、投稿後 24 時間で消える投稿形態のことです。Instagram アプリ上で、装飾文字の挿入や落書きなどさまざまな加工編集ができます。

more view → 128 ページ参照

ストーリーズ編集テクニック

Threads アプリの背景画像を削除することはできませんが、選択して縮小することで見えなくさせることができます。背景画像を選択して、ピンチインで縮小しましょう。その後、投稿画面写真を選択してピンチアウトすれば、投稿画面のみの画像として見えるようになります。

27 投稿後のスレッド④ フィードに投稿

Instagram でのフィードに投稿にスレッドを画像として転載します。フィードとは Instagram の通常投稿です。縦長の Threads の投稿は、自動的に正方形にカットされます。これは Instagram のフィード画面表示用の最適なアスペクト比（縦横比）となっています。

01 「共有」ボタンをタップ

投稿の下にある「投稿」ボタンをタップ。

02 フィードに投稿

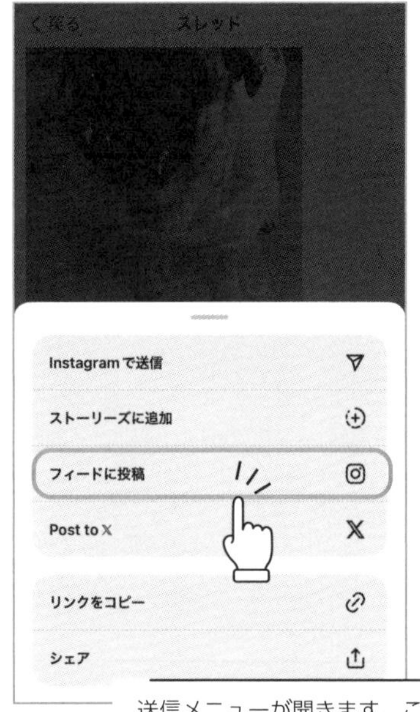

送信メニューが開きます。ここでは「フィードに投稿」を選択しましょう。

03 正方形に自動カット

この写真のように、Threads アプリ背景の上に投稿画面。そして、正方形に自動的にカットされます。

04 Instagram で編集・加工

Instagram の投稿画面になります。ここではフィルターをかけたり、さまざまな編集加工ができます。

more view → 106 ページ参照

05 Instagram プロフィール画面

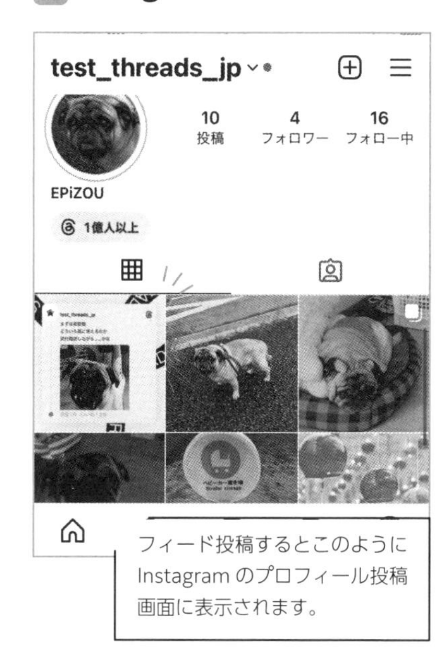

フィード投稿するとこのようにInstagram のプロフィール投稿画面に表示されます。

06 Instagram フィード画面

Instagram のフィード投稿画面ではこのようになります。

28 投稿後のスレッド⑤ Post to X（Xで投稿）

投稿をX（旧名：Twitter）に自動転載して、Xでポスト（旧名：ツイート）することができます。なお、Threadsがインストールされている端末内にXがインストールしてある場合に限ります。Xでのポストには、文章と一緒に写真も投稿されますが、写真はWeb版Threadsのサムネイルとなります。

01「共有」ボタンをタップ

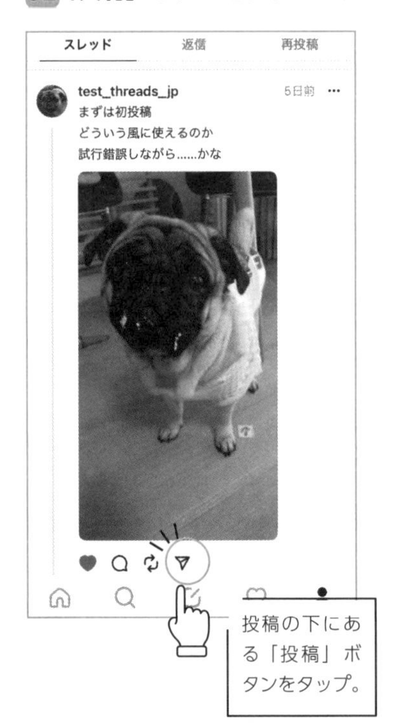

投稿の下にある「投稿」ボタンをタップ。

02 Post to Xを選択

送信メニューが開きます。ここでは「Post to X」を選択しましょう。

03 X（Twitter）が起動

キャンセル　ポスト

公開

まずは初投稿
どういう風に使えるのか
試行錯誤しながら……かな https://www.threads.net/@test_threads_jp/post/Cv6cAf4Py1T/?igshid=MzRlODBiNWFlZA==

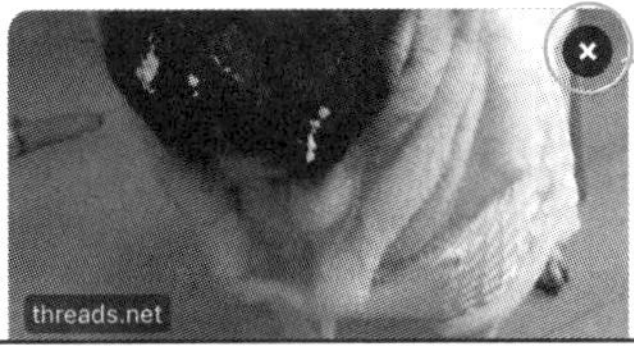

X の投稿画面が開きます。テキストなどは修正が可能です。Threads の投稿リンク URL はポスト後に非表示となります。写真を削除したい場合は「×」をタップ。

X での表示

ポストを送信しました

やま @DD_yama・2秒
まずは初投稿
どういう風に使えるのか
試行錯誤しながら……かな

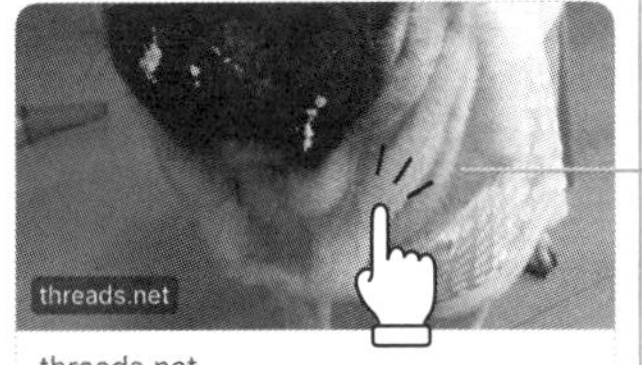

threads.net
EPiZOU (@test_threads_jp) on Threads

「ポスト」すると投稿完了。X 上ではこのように表示されます。写真をタップすると Web 版 Threads に移動します。

サムネイル写真を削除する

x の投稿からサムネイル写真が削除されて、Web 版 Threads のリンク URL のみになります。

04 Web 版の Threads が開く

Web 版

写真、リンク URL をタップすると上記のように Web 版の Threads が開きます。

29 他のユーザーのスレッド返信（コメント）する

他のユーザーとの交流方法でもっともお手軽かつ正攻法なのが、他のユーザーの投稿に対するコメントです。Threadsでは「返信」という表現になっています。流れてくる投稿、フォローしている人の投稿に気軽に返信してみましょう。

01「返信」ボタンをタップ

返信したい投稿の下部にある「返信ボタン」をタップ。

02 返信画面

通常の投稿のように、クリップマークをタップで、画像や動画を貼り付けることができます。

03 返信が投稿される

CHECK プロフィールに表示される

返信した場合は、返信した自分自身のプロフィール画面の「スレッド」と「返信」にも表示されます。他のユーザーからも返信したことが分かる仕様です。

返信の設定

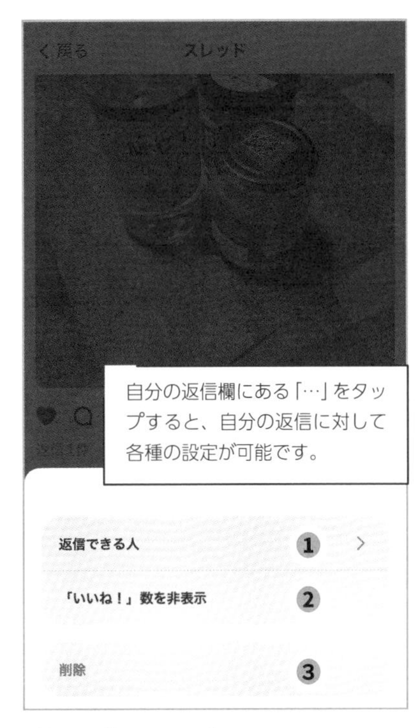

1 返信できる人

自分の返信に対して、返信できる人を設定できます。「すべての人」、「フォロー中のプロフィール」、「メンションのみ」から選択できます。

2 「いいね！」数を非表示

自分の返信に対する「いいね！」の数を非表示にできます。

3 削除

自分の返信を削除します。タップ後に本当に削除するかの警告が出ます。

30 スレッドを再投稿（リポスト）する

再投稿（リポスト）とは、旧Twitterで言うところの「リツイート」にあたります。投稿をそのまま引用してシェアをする行為のことです。ちなみに、現在のXでも名称変更があり、リツイートという呼び方ではなくなり、Threads同様に「リポスト」という表現になっています。

01「再投稿」ボタンをタップ

再投稿したい投稿の最下部にある「再投稿」ボタンをタップ。

02 再投稿メニュー画面

下段にメニューが表示されます。ここでは「再投稿」を選択しましょう。

03 返信が投稿される

再投稿を選択すると、再投稿が完了です。再投稿した投稿には再投稿マークが付きます。

再投稿を削除する場合は、投稿右上の「…」をタップ。「削除」を選択すれば取り消せます。

自分の投稿を再投稿した場合

自分の投稿を再投稿できます。自分の投稿の再投稿を削除するときは、再投稿のみの削除か、投稿そのものを削除するのか要注意です。

自分の投稿にある「…」をタップしての「削除」は、投稿そのものを削除してしまいます。

再投稿ボタンからの「削除」は、再投稿のみを削除します。右にある再投稿マークを確認しましょう。

31 スレッドを引用（クオート）する

引用（クオート）とは、旧Twitterで言うところの「引用リツイート」にあたります。投稿にコメントを残して引用し、自分のフィードに表示させる行為のことです。投稿後にプロフィール画面の「再投稿」タブから、「引用」「再投稿」した投稿を確認できます。

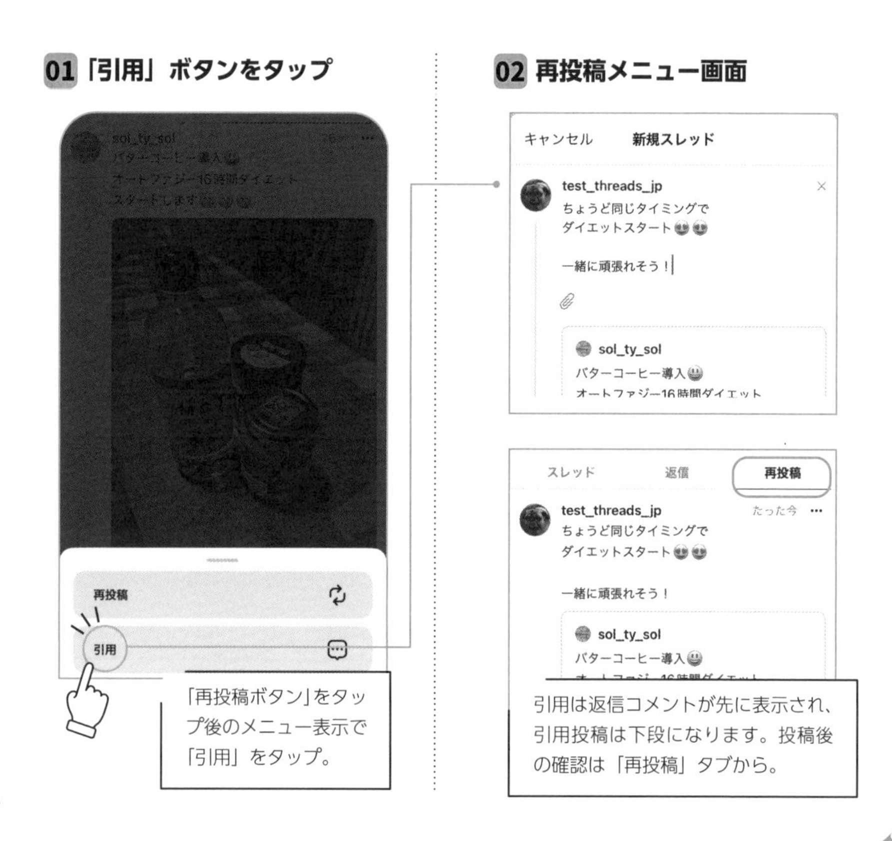

「再投稿ボタン」をタップ後のメニュー表示で「引用」をタップ。

引用は返信コメントが先に表示され、引用投稿は下段になります。投稿後の確認は「再投稿」タブから。

32 スレッド内でメンションする

メンションは「相手のユーザーネーム」を指定して投稿することです。「@ユーザー名」を入力して投稿を作成すればメンションできますが、ユーザー名を覚えていない場合もあります。ここではユーザー名を入力せずにメンションボタンからメンション投稿をする方法を解説します。

01 相手のプロフィール画面

メンションしたいユーザーのアイコンなどをタップして、相手のプロフィール画面を開きます。メンションボタンをタップすると、投稿文の冒頭に自動的に@ユーザー名が入力されます。

02 メンションをタップ

メンションされた相手には、通知が飛びます。相手はアクティビティ画面から、メンション内容が確認できます。

33 フィード表示を設定する ミュート／非表示／ブロック

　フォローしてみたものの、投稿頻度が多すぎる場合や、投稿内容が自分の興味とは合わないといった場合、投稿者の投稿を見えなくする「ミュート」、ひとつの投稿だけを見えなくする「非表示」、そして相手から自分も見えなくする「ブロック」で対応することができます。

スレッズ投稿編

01 「再投稿」ボタンをタップ

表示を設定したい投稿(スレッド)の右上「…」をタップしましょう。

02 再投稿メニュー画面

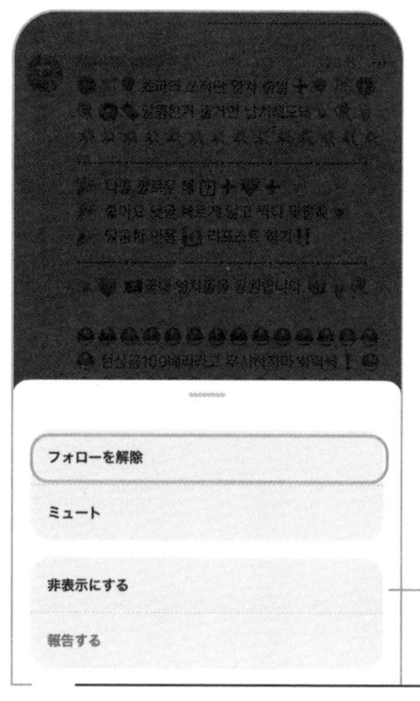

下段にメニューが表示されます。投稿主がフォロワーの場合は「フォローを解除」メニューが表示されます。

フォローを解除

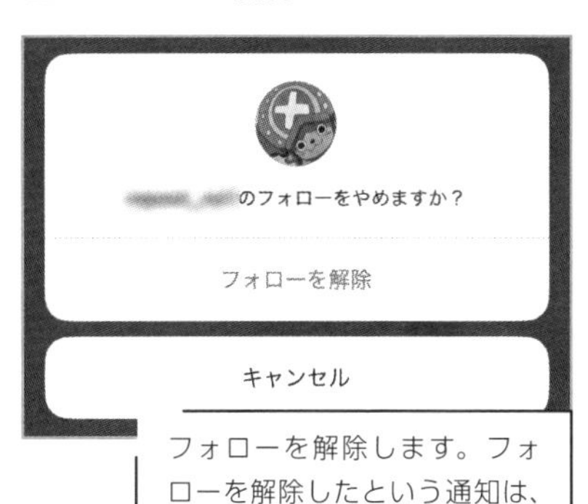
のフォローをやめますか？
フォローを解除
キャンセル

フォローを解除します。フォローを解除したという通知は、相手にはいきません。

ミュート

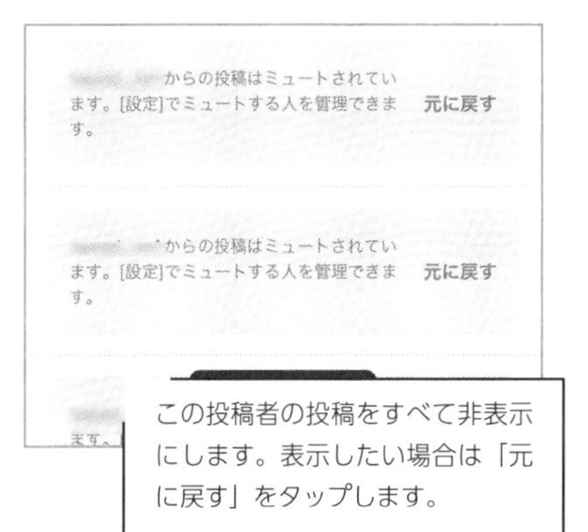
からの投稿はミュートされています。[設定]でミュートする人を管理できます。
元に戻す
からの投稿はミュートされています。[設定]でミュートする人を管理できます。
元に戻す

この投稿者の投稿をすべて非表示にします。表示したい場合は「元に戻す」をタップします。

非表示にする

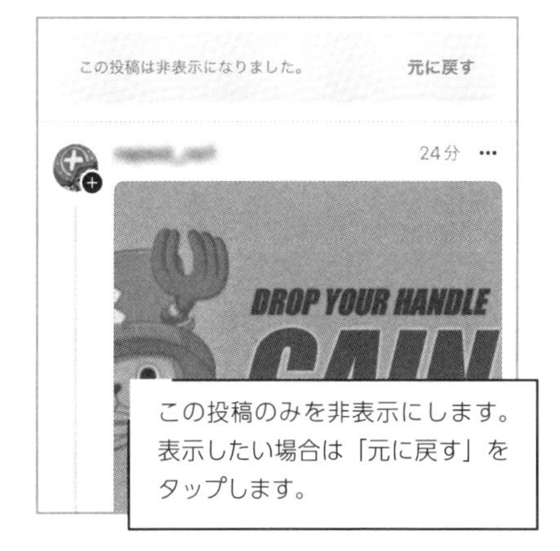
この投稿は非表示になりました。
元に戻す
24分
DROP YOUR HANDLE

この投稿のみを非表示にします。表示したい場合は「元に戻す」をタップします。

ブロックの仕方

ブロックをすると、ブロックされた相手から、あなたの投稿やプロフィールが検索できなくなります。ブロックをするためにはフォロー解除が必須となります。

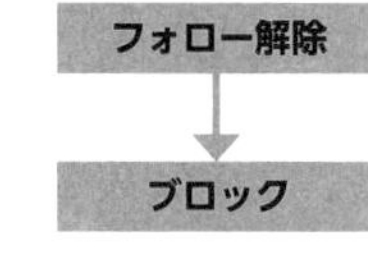
フォロー解除
ブロック

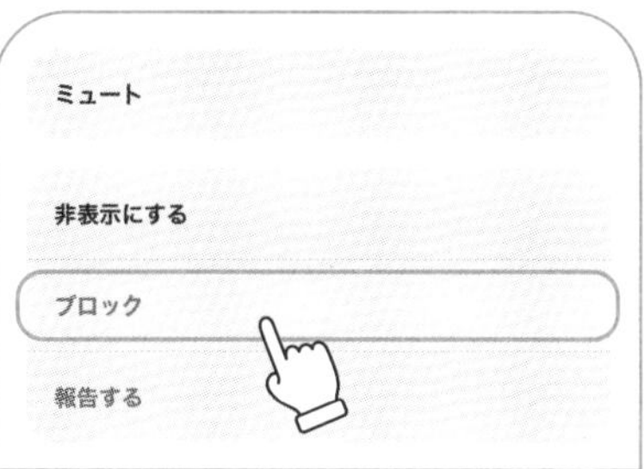
ミュート
非表示にする
ブロック
報告する

をブロックしますか？
この人が保有している別のアカウント、または今後作成するアカウントもブロックされます。
この人は、Threads上であなたのプロフィールやコンテンツの検索ができなくなります。
ブロックしたことは相手に通知されません。
設定でいつでもこの人のブロックを解除できます。
ブロック

Instagram と Threads の両方からブロックされます。ブロックの解除は「プライバシー設定」から。

Instagramってどんな世界？

2017年に「インスタ映え」が流行語大賞を受賞してから、はや数年。今のInstagramは写真だけでなく動画やライブ配信も可能なスーパーアプリ（あらゆる場面で利用できる統合的アプリ）です。

Instagramはビジュアルコンテンツが重視されたSNSです。「他人の写真や動画を見る」または「写真や動画を投稿する」ことがメインとなります。2017年流行語大賞にもなった「インスタ映(ば)え」という言葉を耳にしたことがあると思います。「インスタグラムに写真を投稿した際に、見栄えの良い写真」という意味ですが、現在では「映(ば)える」という表現でInstagramだけに限らず、いい感じの写真などに使われるようになりました。ちなみに、英語でも似たような表現があり、insta-worthy（インスタワーシー）や、Instagrammable（インスタグラマブル）といった言葉が使われています。

何をもって 「映える」のかは、Instagramのおすすめ投稿などを眺めていると、何となく分かってきます。基本的に撮った写真をそのままシェアしても、映えることは難しいでしょう。Instagram上で自身が撮った写真にさまざまな加工や編集ができ、それらを使いこなすことで初めて「映える写真」となります。他人の投稿をたくさん見て、編集をいろいろ試して、あなただけの映え写真を目指しましょう。

03

Instagram 基礎編

世界中で10億人もユーザーがいる写真＆動画SNSのInstagram（インスタグラム）。Threadsを利用するには、Instagramへのユーザー登録が必須です。インスタは、10代の若者を中心に広がり、若者の間ではスマホ必須アプリと言っても過言ではないほど当たり前の存在です。ここではインストール、設定、投稿の閲覧方法を分かりやすく解説していきます。

34 Instagramの特徴 写真＆動画の世界最大SNS

Instagram(インスタグラム)は世界最大規模の写真＆動画のSNS。運営はThreads、Facebookと同じMeta社です。日本では「インスタ」という略称で呼ばれており、3300万ユーザー、世界では10億ユーザーという巨大SNSです。Twitterと大きく異なるのは、文字主体ではなく写真や動画をメインにしていること。写真や動画という言語を介さなくても伝わるSNSなので、「いいね！」や「フォロー」などのコミュニケーションも世界規模に広がるのが特徴です。

インスタには、大きく4つの投稿形態があります。ひとつめは写真（や動画）の投稿。ふたつめが『ストーリーズ』。15秒程度の短い動画や写真を24時間限定で公開するものです。3つめが動画の投稿。動画は『リール』と呼ばれ、最長で90秒の長さの動画になります。動画として撮られたものだけでなく、複数の写真を音楽やエフェクトを付け足してスライドショー動画を作成してシェアすることも　できます。4つめが『ライブ』。スマホのカメラを使ってライブ配信をする「インスタライブ」と呼ばれるものです。もちろん、自身から積極的に投稿などをしなくても、気になるアカウントをフォローして閲覧・視聴するといった使い方もできます。

01 投稿（写真・動画）
フィードに流れるものを閲覧する

写真や動画がホーム画面のフィードと呼ばれるエリアに表示されます。ユーザーがフォローしているアカウントや、アルゴリズムによって選択され、ユーザーの興味や行動に基づいてカスタマイズされます。

02 ストーリーズ
24 時間限定で公開されるスライドショー

写真や動画を短い時間内にスライドショー形式で表示する機能で、投稿から 24 時間後に自動的に削除されるため、一時的なイベントや日々の活動を共有するのに適しています。

03 リール
最長 90 秒のショート動画

15 秒、30 秒、60 秒、90 秒という再生時間に制限のあるショート動画のことです。最長でも 90 秒ですので、さまざまなアイデアで編集加工されています。

04 ライブ配信
リアルタイムでスマホ配信

ユーザーがライブ配信を開始すると、フォロワーや友達に通知　され、彼らはそのライブに参加することができます。視聴者はライブ中にコメントを投稿できます。

35 Instagramをインストール①ダウンロードから登録まで

Instagramのアカウント作成は、iPhoneとAndroidでステップが若干異なりますが、登録する内容は同じです。以降を参照してひとつずつ行っていきましょう。

01 アプリをダウンロードする

Instagram

Android

iOS

02 Instagramを起動する

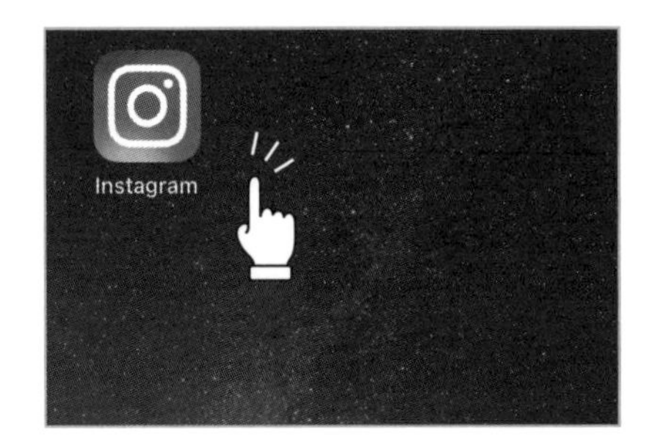

03 新しいアカウントを作成

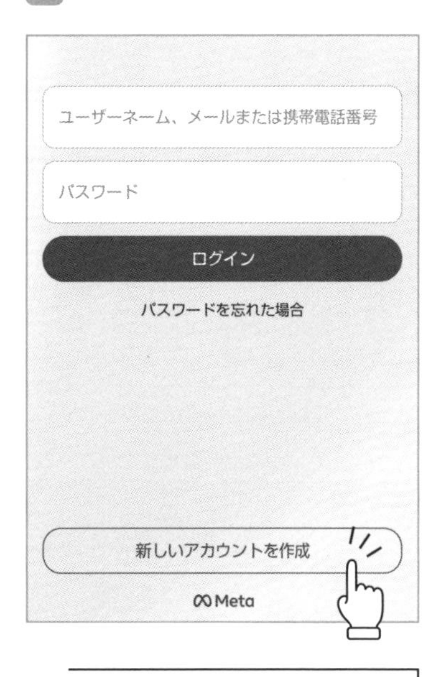

アプリを起動したら最下部の「新しいアカウントを作成」をタップ

04 名前を入力する

←

名前を入力してください

氏名

次へ

ここでの「名前」は、本名である必要はありません。また、後ほど設定で変更することも可能です。日本語、英字、どれでも使用できます。また、自由に付けられる名前ですので、他のユーザーとかぶる名称でも OK となります。

また、ここで「名前」を入力せずに空欄のまま「次へ」をタップすることも可能です。

05 パスワードを作成

パスワードを作成

パスワードは6文字以上の文字または数字で作成し、他の人が推測できないものにしてください。

パスワード

次へ

パスワードを設定します。注意書きにもあるように、6文字以上の英数字で作成してください。一度しか入力できないので、タイプミスには要注意。入力欄の右端にある目のマークをタップすることで、入力内容を表示できるので活用しよう。

06 ログイン情報の保存

←

ログイン情報を保存しますか？

新しいアカウントのログイン情報が保存されるため、次回ログインするときにログイン情報を入力する必要がなくなります。

保存

後で

ログイン情報（入力したパスワード）を保存しておくかの確認。基本的に「保存」を選んでよい。

07 生年月日の入力

←

生年月日を入力してください

ビジネスやペットなどに関するアカウントでも、ご自分の誕生日を入力してください。シェアすることを選択しない限り、他の人には表示されません。誕生日の入力が必要な理由

誕生日(37歳)
1986年1月20日

日付を設定

1985	12	19
1986	1	20
1987	2	21

キャンセル　設定

生年月日をスワイプして入力。広告表示設定などに関わるので、自身の生年月日を入力しよう。

more view → 次ページに続きます

08 ユーザーネームを作成

←

ユーザーネームを作成

新規に作成するか、自動作成されたユーザーネームを使用することができます。ユーザーネームはいつでも変更できます。

ユーザーネーム
only_you ×

only_youというユーザーネームは使用できません。

only.you8843
only.you3803
only.you1252

すでにアカウントをお持ちの場合

th bride

only_youというユーザーネームは使用できません。

この「ユーザーネーム」というのは、Instagram の ID のようなもので、英数字と一部の記号を使って作成します。ユーザーネームは唯一のものなので、他のユーザーと同一のユーザーネームは使用できません。他のユーザーネームとかぶってしまった場合は上の写真のように「○○というユーザーネームは使用できません。」というアラートが出現し、取得可能な他の候補が表示されます。
ここで設定したユーザーネームは、後ほど変更は可能ですが、どのようなユーザーネームが取得できるのか、ある程度チェックしておきましょう。

09 携帯電話番号かメールアドレスで登録する

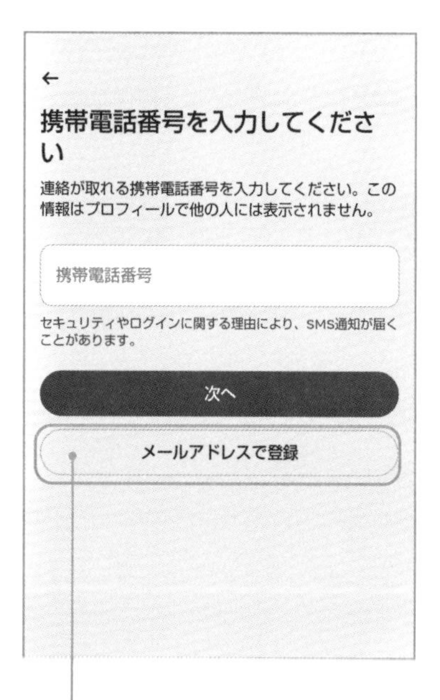

POINT

メールアドレスでの登録がおすすめ

Instagram は複数アカウントの取得が可能です。アカウントを追加するためには、新たに携帯電番号かメールアドレスが必要になります。メールアドレスで登録しておけば、Gmail など無料で取得できるメールアドレスを使って、アカウントの追加などが容易になります。
ここでは、「携帯電話番号を入力してください」という文言は無視して、下部の「メールアドレスで登録」を選択しましょう。

10 メールアドレスを入力する

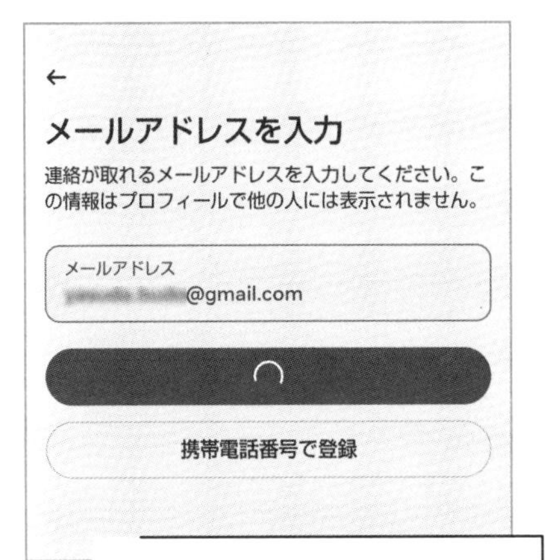

「メールアドレスで登録」を選択したら、メールアドレスの入力画面となります。ここで登録したメールアドレスに認証コードが送信されるので、ちゃんと受信できるメールアドレスを入力しましょう。

11 認証コードを入力する

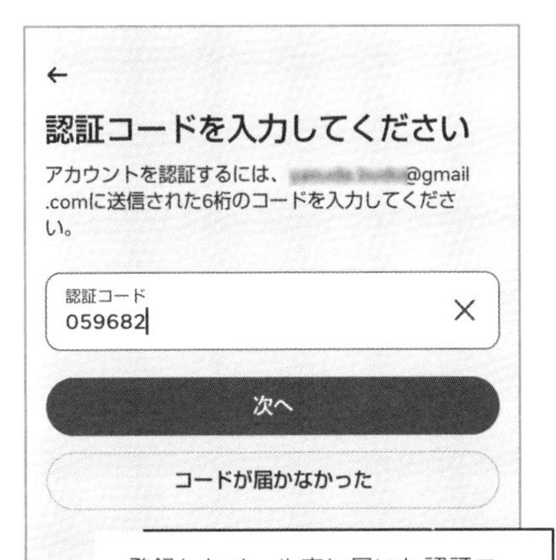

登録したメール宛に届いた認証コードを入力します。コードが届かなかった場合は、迷惑メールフォルダなどを確認したうえで「コードが届かなかった」を選択。

12 利用規約に同意して完了

利用規約とポリシーへの同意ボタンをタップすると登録が完了します。

POINT

以降に出てくる設定項目はスキップでOK

登録完了後、プロフィール写真の追加、Facebookの友達との同期、スマホの連絡先との同期の設定項目が出てきますが、ここでは設定せずにすべてスキップ推奨。

36 プロフィール編集①
プロフィール情報の書き方

あなたのプロフィールを設定します。「名前」は14日間で2回までしか変更できませんが、他の部分はプロフィール写真を含めて、いつでも変更が可能です。まずは気軽にひと通り設定しましょう。

01 プロフィールを編集を選択

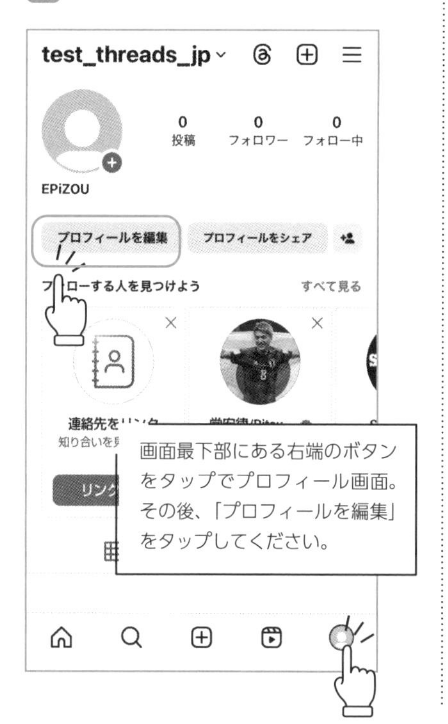

画面最下部にある右端のボタンをタップでプロフィール画面。その後、「プロフィールを編集」をタップしてください。

02 追加したいところをタップ

プロフィール編集画面になったら、変更・追加したいところをタップ。「Threadsのショートカットを表示」はオンのままにしておこう。

03 名前の変更

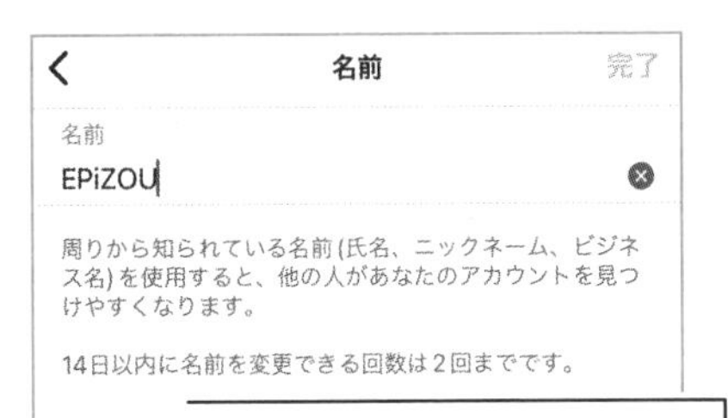

名前は日本語でも英語でもOK。アカウントの用途によって使い分けましょう。2週間で2回までしか変更できません。

04 ユーザーネームの変更

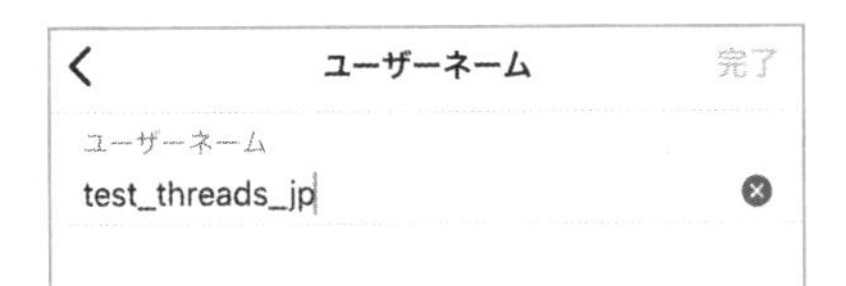

他のユーザーと同一でなければ、いつでも変更可能です。本格的に活動を始めると頻繁に変更することはおすすめできません。

05 代名詞の性別

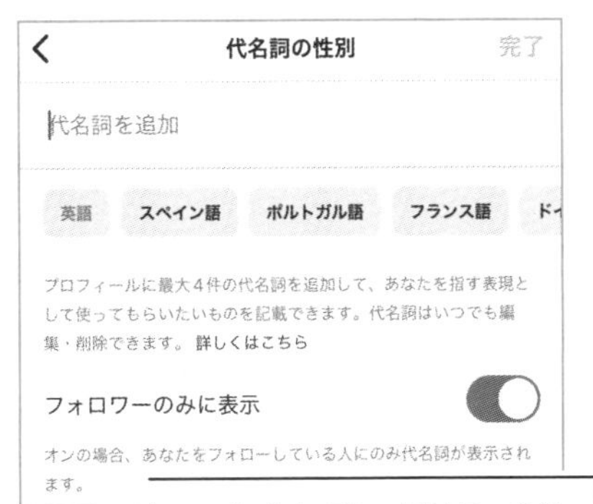

ジェンダーやセクシュアリティの多様性を踏まえて、どう呼称してほしいかを(he/his)といった形で公開します。空欄でも問題ありません。

06 自己紹介

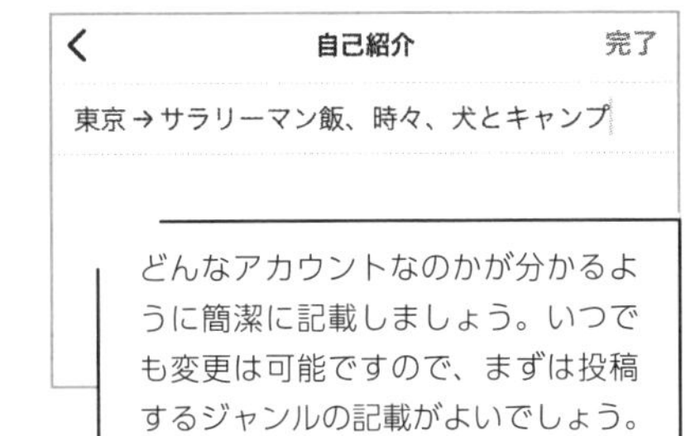

どんなアカウントなのかが分かるように簡潔に記載しましょう。いつでも変更は可能ですので、まずは投稿するジャンルの記載がよいでしょう。文字数制限は150文字までです。

07 リンクの設定

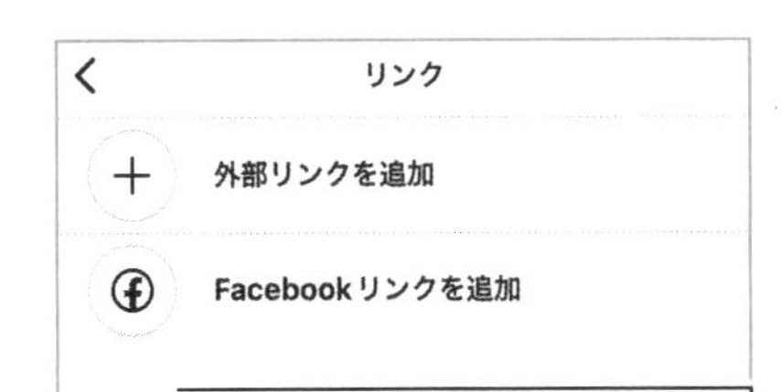

「外部リンク」として、自分でURLを設定できます。リンクは最大で5つまで設定可能です。「Facebookリンクを追加」を選択すると、Facebookアカウントにログインし、連携がスタートします。

08 性別の設定

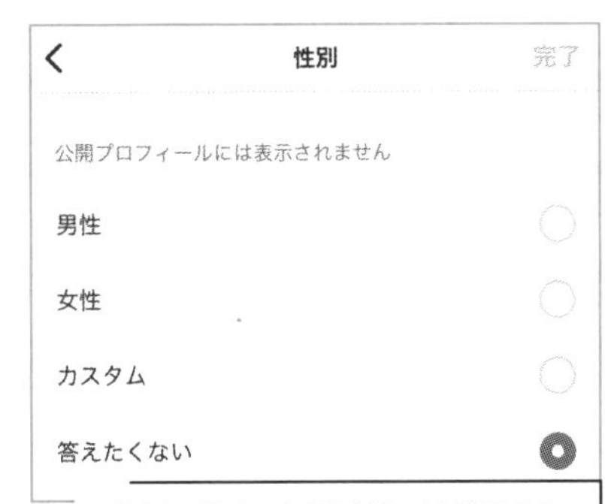

性別の設定。初期状態では公開されないので自由に設定してください。

37 プロフィール編集②
プロフィール写真の設定

プロフィール写真を設定します。いつでも変更は可能ですが、あなたを示すアイコンとなるのでしっかり選定しましょう。アカウントのプロフィール写真ですので、自身の顔写真などである必要はありません。これから運用していくアカウントの性格に合った写真を選ぶのがコツです。

01 プロフィールを編集を選択

「プロフィールを編集」画面のアイコン部分をタップ。下部から選択肢が出現する。スマホ内の写真を使用する場合は「ライブラリから選択」。

02 写真のアクセスを許可する

Instagramにスマホ内に保存している写真へのアクセス権限を付与してください。この許可作業は、初回に一度行えばOKです。下記はiOSの場合とAndroidの場合の一例です。

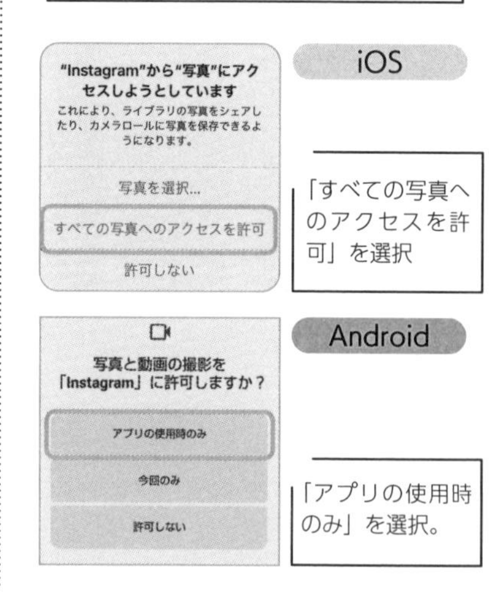

「すべての写真へのアクセスを許可」を選択

「アプリの使用時のみ」を選択。

03 ライブラリから選択

① スマホ内の写真フォルダへのアクセス。自身で整理し、アルバムなどを作成していると写真を選択しやすい。

② スマホ内の写真を表示。アカウントに合った写真を選びましょう。

③ プロフィール写真は、点線のように円形です。選択した写真はピンチイン・アウトで拡縮ができます。

④ 位置調整、拡大縮小ができたら「完了」をタップして終了です。

04 プロフィール写真の確認

プロフィールの写真が更新されていることを確認しましょう。

POINT

Facebook との同期は簡単！

「Facebook からのインポート」を選ぶと、Facebook アカウントがあれば、ログインすでプロフィール写真などが同期します。

38 プロフィール編集③ アバターの作成 基礎編

自分の分身でもある「アバター」が作成できます。アバター専用のスタンプが作成され、そのスタンプはストーリーズに使えるほか、DM に使用することもできます。アバターをプロフィール写真と合体させると、プロフィール写真が 1 枚のコインのようになり、表が写真、裏がアバターとなります。

01 プロフィールを編集を選択

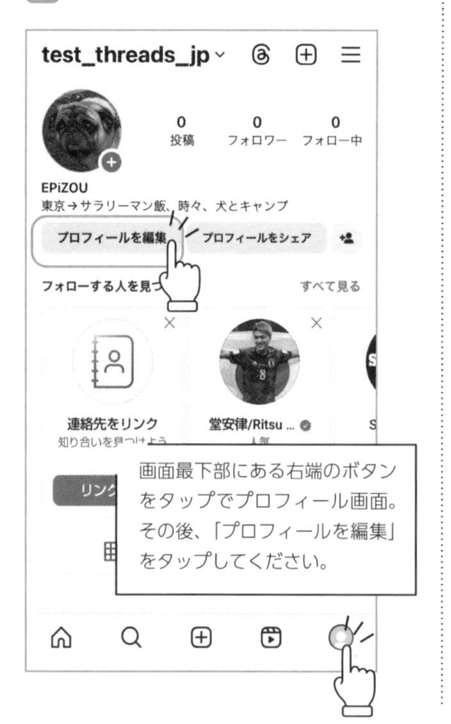

02 アバターボタンをタップ

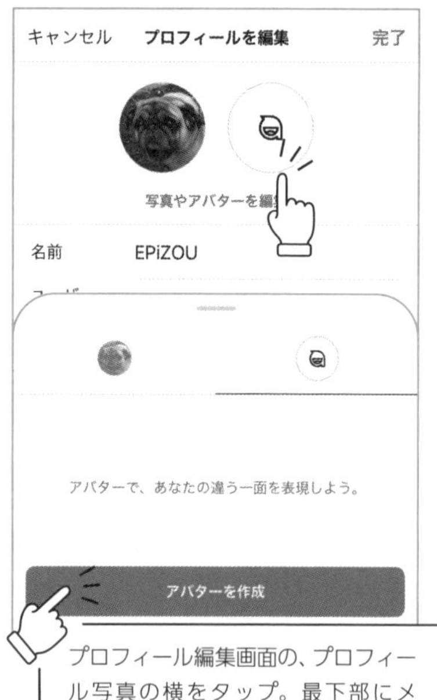

03 アバターの肌色を選択

最初のステップは、アバターの肌色を選択するところから始まります。

04 ヘアスタイルの選択

次にヘアスタイルを選択します。以降は下段に多数の候補が出るので、その候補から選択すると、自動的にアバターに適用されます。

05 ヘアカラー／顔の形を選択

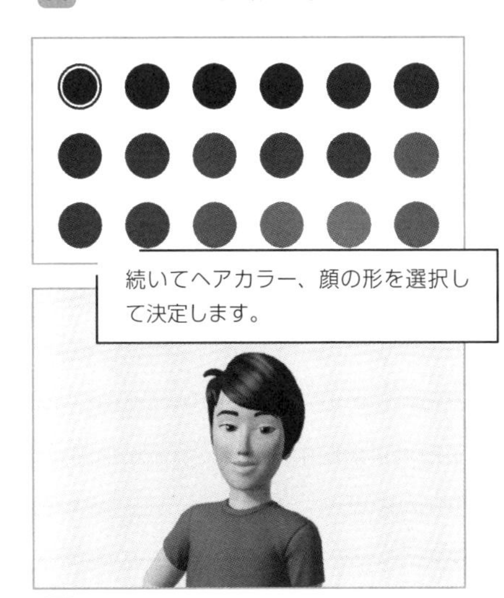

続いてヘアカラー、顔の形を選択して決定します。

06 服装を選択

最後に服装を選択します。更に細かい設定の「その他のパーソナライズ」を選択することを推奨しますが、ここまでの設定で満足した人は「完了」。

more view → 次ページの応用編へ

39 プロフィール編集④ アバターの作成 応用編

さらに詳細に設定していきます。目の形や鼻の形といった容姿から、眼鏡や帽子といった小物まで設定可能です。なお、一度作成したアバターは、「プロフィールを編集」→「写真やアバターを編集」→「アバターを編集」から何度でも調整や修正が可能になっています。

01 変更部位をスワイプして選択

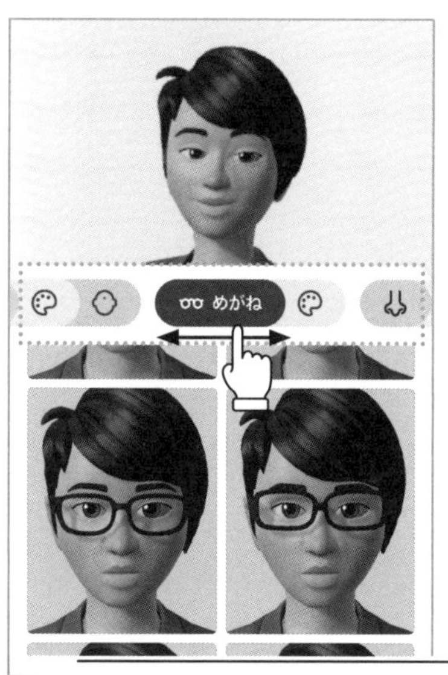

上部に表示されるアバターサンプルと下部の部位選択にある帯状のところをスワイプして、変更したい部位を選択します。

02 変更部位を選択して作成

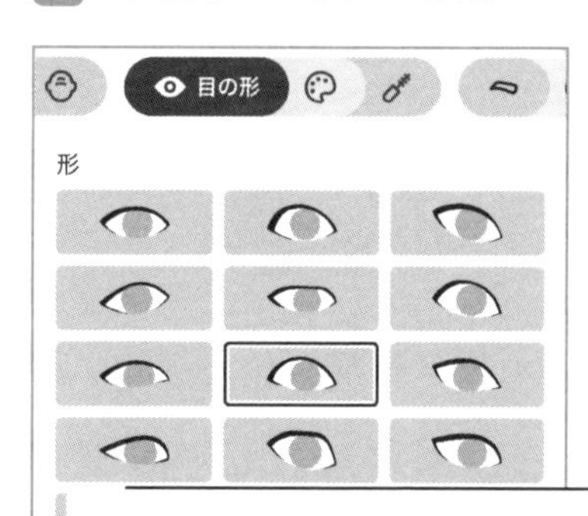

パーソナライズでは細かくアバターを作成できる。カスタマイズして変更できる部位は下記の通りです。「ヘアスタイル」「髪の色」「顔の形」「顎のライン」「ほくろとそばかす」「顔のシワ」「目の形」「目の色」「アイメイク」「眉毛」「眉毛の色」「ビンディー」「鼻」「口」「唇の色」「ひげ」「ひげの色」「体」「肌のトーン」「補聴器」「補聴器の色」。ここまで細かく設定できるので、アバターの作成しがいは十分。

03 画面右上の保存ボタンで終了

アバター作成が完了したら、画面右上の「保存」をタップで終了です。

04 スタンプが自動作成される

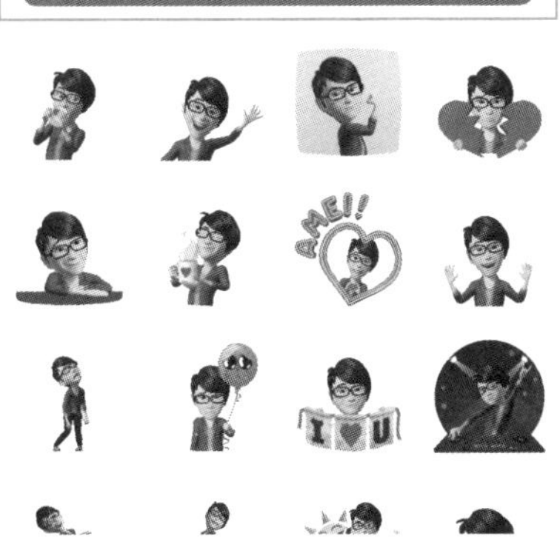

05 写真にアバターを追加

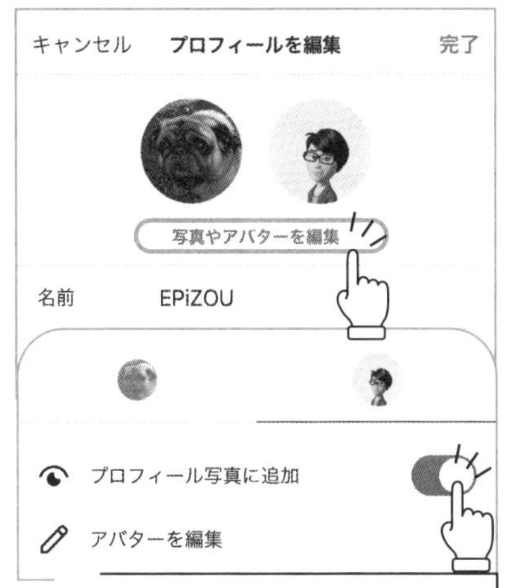

「プロフィールを編集」に移動すると、写真とアバターの２種類が表示されています。「写真やアバターを編集」をタップすると、最下部からウインドウが出現。アバター側をタップし、「プロフィール写真に追加」を選択すると、コインの表裏のようなプロフィールアイコンとなります。

POINT

他のユーザーからこう見えるようになる

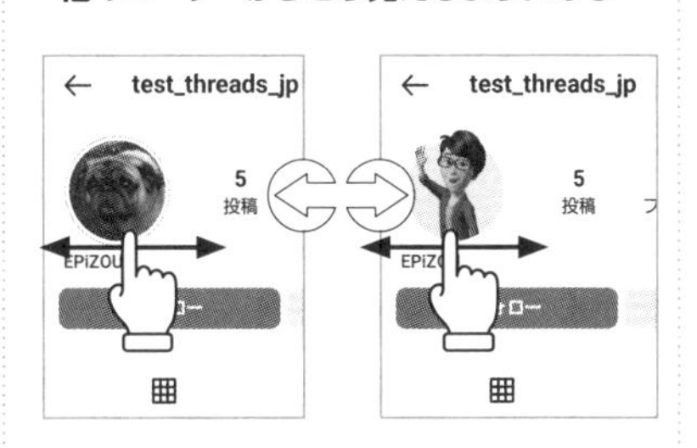

あなたのホーム画面をフォロワーなどが見たときに、プロフィール写真のアイコンをスワイプすると、アニメーションで表現するアバターが出現します。コインをくるくる回す感覚でオシャレに表示されます。

40 連絡先の共有 フォローする人を選ぶ

スマホに入っている「連絡先」と同期すれば、電話番号などの情報を自動的に読み取って、連絡先に入っている人がInstagram アカウントを所有しているかを表示してくれます。同様に Facebook に同期させて、Facebook の友達を表示してくれます。

01 プロフィール画面を開く

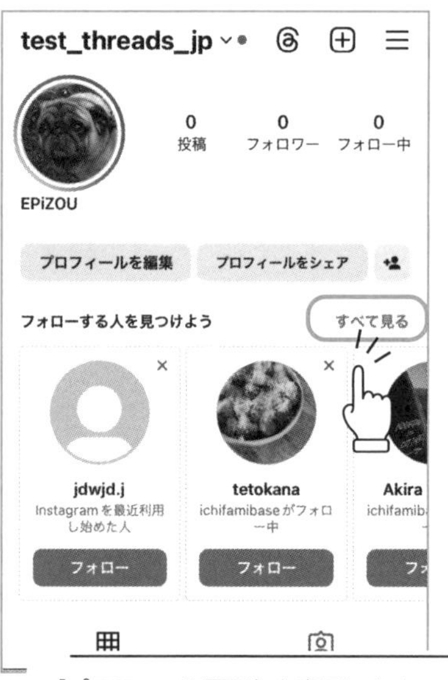

「プロフィール画面」を表示します。「フォローする人を見つけよう」の右側にある「すべて見る」をタップしましょう。

02 連絡先の同期をタップ

「フォローする人を見つけよう」の詳細画面が開きます。上部にある「連絡先をリンク」、「Facebook の友達を見つける」で同期できます。

03 連絡先をリンク

Instagramによる連絡先への
アクセスを許可してください

連絡先は、あなたと知り合いをつながりやすくするため、あなたが関心を持ちそうなものをおすすめするため、より良いサービスを提供するために利用されます。

連絡先は定期的に同期され、安全に保管されます。

設定でいつでも同期をオフにできます。

詳しくはこちら

次へ

連絡先へのアクセスを許可しましょう。LNEのようにいきなり友達登録してしまうことはないので、大きな不都合はありません。

04 Facebookにログインする

"Instagram"がサインインのために"facebook.com"を使用しようとしています。
これを行うと、AppとWebサイトにあなたに関する情報を共有することを許可します。
キャンセル
続ける

Facebookと同期する場合は、まずはFacebookへのログインが必要になります。ログインして友達を検索してみましょう。

05 フォローする人を調べる

連絡先を読み取って、おすすめのフォロー対象を表示してくれます。気になるアカウントがあったら、アカウントのアイコンをタップ。

06 プロフィール画面をチェック

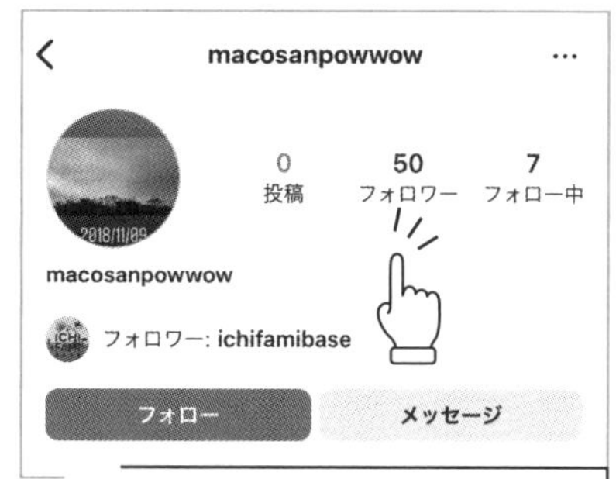

アカウントの情報が表示されます。過去の投稿などを確認できます。更新頻度や投稿内容が自分に合っているかを確認しましょう。
また、フォロワーをタップすれば、どんな人にフォローされているのか、共通の友達がいるか、などが表示されます。「フォロー」ボタンを押せばフォロー完了です。フォローしたことは、相手に通知されます。

41 アプリの基本画面 Instagram のインターフェース

Instagram は、アイコンをタップしていけば直感的に使用できるデザインになっています。ここでは起動時に開くホーム画面の説明をしていきます。

1 特定アカウントの表示

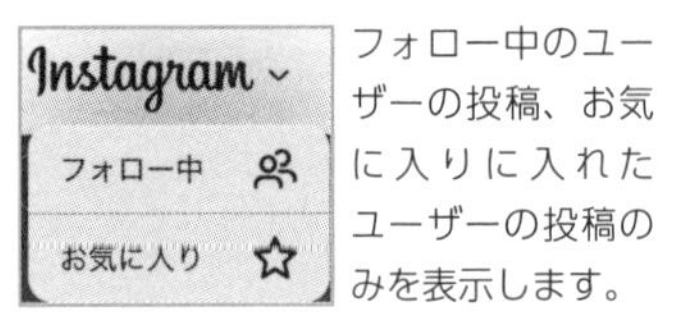

フォロー中のユーザーの投稿、お気に入りに入れたユーザーの投稿のみを表示します。

2 お知らせ

フォローされたときや、投稿に「いいね！」やコメントがついたときに知らせてくれます。

3 ダイレクトメッセージ

メッセージを送受信します。

4 ストーリーズを投稿

ストーリーズを作成・投稿します。

more view → 解説は 128 ページ

5 フォローしているユーザー

フォローしているユーザーのストーリーズを閲覧できます。

6 フィードエリア

フォローしているユーザーの投稿や関連投稿が自動表示されます。

❼ 投稿ユーザー名

投稿したユーザーのプロフィール写真とユーザー名が表示されます。

❽ 投稿に対するアクション

他のユーザーの写真やリールに対してアクションを起こせます。リールだとリミックス (元動画の横に並べる)、シーケンス (元動画の後ろに追加する) などが可能です。

❾ 投稿に「いいね！」を付ける

ハートボタンを 1 回タップすると、「いいね！」が送信されます。

more view → 解説は 92 ページ

❿ 投稿にコメントを残す

投稿に対してコメントを残すことができます。

⓫ シェア

投稿を引用して自分のストーリーズに引用します。

⓬ コレクションに保存

投稿を自分のコレクションに保存することができます。

⓭ ホーム

ホーム画面（左ページの写真）が表示されるボタン。

⓮ 発見／検索

あなたのフォロワー、閲覧傾向などから、アルゴリズムがおすすめする他のユーザーのさまざまな投稿が自動的に表示されます。

more view → 解説は 88 ページ

⓯ 新規投稿

「投稿（写真)」、「ストーリーズ」、「リール」、「ライブ」。どの新規投稿もこのボタンから投稿ができる。

⓰ リール

他のユーザーのリールが閲覧できます。全画面でひとつずつ表示されます。この場合は、スワイプして次の動画に移ることができます。

⓱ プロフィール

自分のプロフィール画面が表示されます。

42 閲覧テクニック①
検索をして投稿を見る

　検索するためには「発見／検索」画面を表示します。ここでは、フォローと「いいね！」をもとにコンテンツが自動的に表示されます。上部にある検索窓を使って、気になるキーワードを入力しましょう。アカウント名検索、リール動画検索、ハッシュタグ検索ができます。

01 発見／検索画面を表示

❶ 発見／検索

下部メニューの虫眼鏡アイコンが「発見／検索」画面。写真、リール（動画）などさまざまな投稿が表示されます。

❷ スワイプで他の投稿

スワイプすると次々と他の投稿が表示されます。画面を長押しして、下方向にスワイプすると表示全体の更新。

❸ 検索窓

キーワードで投稿を検索することもできます。

❹ リール動画マーク

リール投稿に関しては右上に映像マークが表示されます。

❺ 位置検索

現在地や位置情報から関連する投稿を地図で表示します。

02 検索窓でキーワード検索

検索窓にキーワードを入力。検索結果がおすすめとして表示。この検索では and 検索などはできないので、ひとつの単語での検索にしましょう。検索窓の下が、キーワードに対する検索結果です。スワイプして他の検索結果を確認していきます。

03 アカウント

キーワードと関連性の高いアカウントが表示されます。

04 リール動画

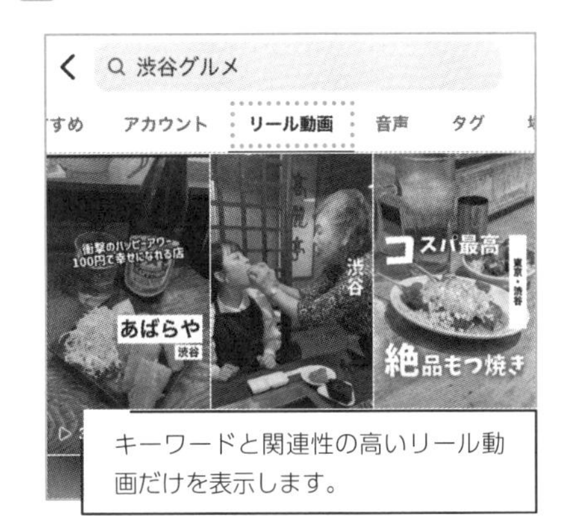

キーワードと関連性の高いリール動画だけを表示します。

05 ハッシュタグ

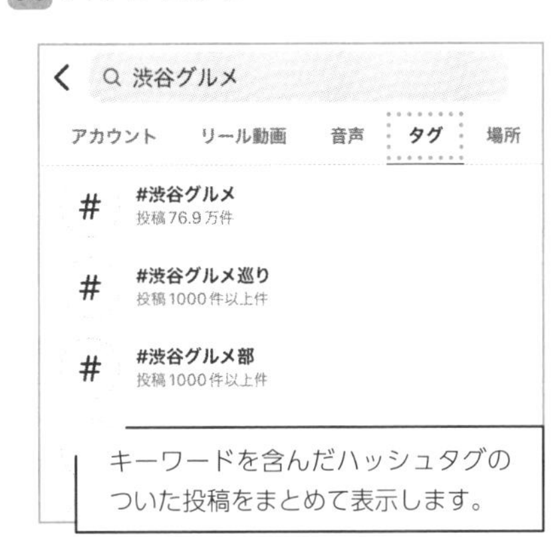

キーワードを含んだハッシュタグのついた投稿をまとめて表示します。

POINT

検索キーワードのコツ

有名人のアカウントなどを検索したい場合は、検索キーワードに名前を入れ、「アカウント」を参照すれば見つかります。また、ユーザー名で検索する場合も「アカウント」を参照するといいでしょう。
有名人のなりすましアカウントもありますが、投稿内容やフォロワー数などをしっかり見ておけば、判別は難しくありません。

43 閲覧テクニック②
地図検索をして投稿を見る

　位置情報に紐付けられた投稿を地図上に表示できる機能です。飲食店だけでなく、公園などのスポット情報も多数投稿されています。写真やリール動画で視覚的に情報収集できるので、出先や観光地などで活躍する機能です。また、故郷や地元の情報なども閲覧していて楽しい投稿です。

01 地図検索アイコンをタップ

下部の「発見／検索」をタップ。検索窓の右側に地図検索アイコンが表示されていれば、ここをタップしましょう。

CHECK

地図検索が表示されない場合

「発見／検索」の検索窓の横に地図検索が表示されない場合がある。写真のように「フォローを探すアイコン」が表示されている場合は、ある程度フォローをしてから再度アクセスしてみましょう。

03 スマホの位置情報を許可

近くのスポットを表示するには、位置情報へのアクセスを許可してください

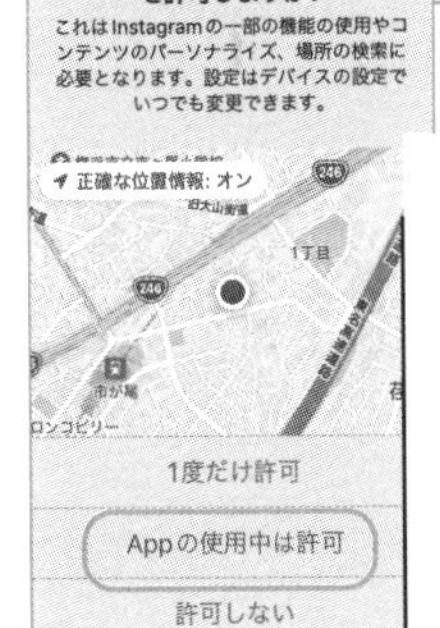

位置情報へのアクセス許可が求められます。位置情報は連携しておくと、投稿時にも便利なので許可しておきましょう。

03 地図上に関連投稿を表示

05 スワイプして地図移動

地図上は、ピンチイン・アウトで拡大・縮小。スワイプして移動。移動した先で「このエリアを検索」をタップすると投稿情報が表示されます。

05 情報を引き上げて閲覧

下部の情報エリアを引き上げることができます。さらに「カフェ」「レストラン」「観光スポット」といったジャンルをスワイプして選択することもできます。旅行先や出先で非常に便利な機能です。

44 投稿にリアクション①「いいね！」を付けてみる

いろいろな投稿を閲覧して､気に入った投稿には「いいね！」を積極的に付けていきましょう。「いいね！」などの情報がたくさんあるほど、Instagram のアルゴリズムがあなたの好みや傾向を分析して、よりあなたに合った投稿やアカウントを精度高くおすすめしてくれるようになります。

01 左下のハートマークをタップ

投稿が表示された画面で下部左下のハートをタップすると「いいね！」を付けることができます。

02 表示画面をダブルタップ

表示画面をダブルタップで素早く「いいね！」を付けることも可能。「いいね！」を付けると左下のハートに色が付きます。

「いいね！」を取り消す

ハートマークをタップ

ハートマークを再度タップすると、付けた「いいね！」を取り消せます。

POINT

「いいね！」をすると通知される

投稿に「いいね！」を付けると、投稿者に通知が飛びます。投稿者がプッシュ通知をオンにしていると、プッシュ通知がすぐに届くため、あなたが「いいね！」を付けたことが分かります。しかし、「いいね！」を取り消した場合は、相手に通知されることは一切ありません。

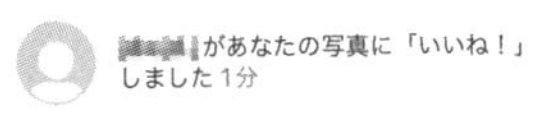

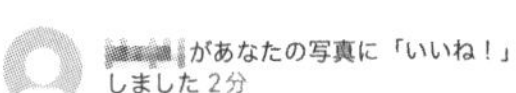

相手には「お知らせ」という形で「いいね！」をしたことが通知されます。

投稿をまとめて閲覧

「いいね！」した投稿を見る

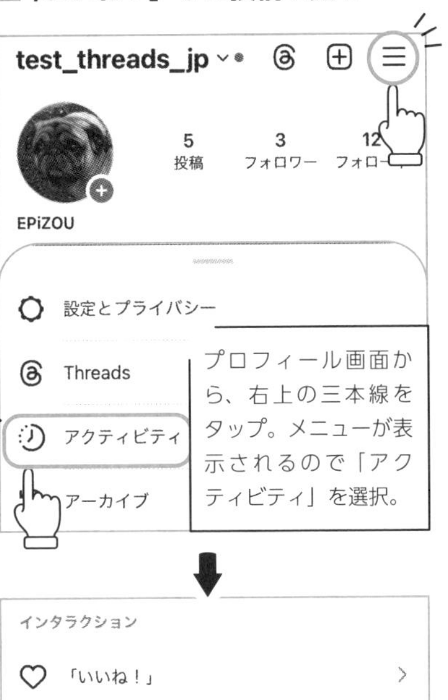

プロフィール画面から、右上の三本線をタップ。メニューが表示されるので「アクティビティ」を選択。

「インタラクション」の「いいね！」をタップしよう。

過去に「いいね！」をした投稿が一覧で表示されます。ここから複数選択して一気に「いいね！」の取り消しもできます。

45 投稿にリアクション②
投稿にコメントをする

投稿にコメントを残すことができます。残したコメントはすべてのユーザーに公開されます。また、「GIPHY」というGIF画像のスタンプを貼り付けることでコメントを残すこともできます。アニメーションGIFもあり、動くスタンプを貼り付けることができます。

01 左下のハートマークをタップ

投稿が表示されている画面下部。左側アイコンの真ん中がコメントボタンです。タップすると下部からコメントウインドウが開きます。

02 表示画面をダブルタップ

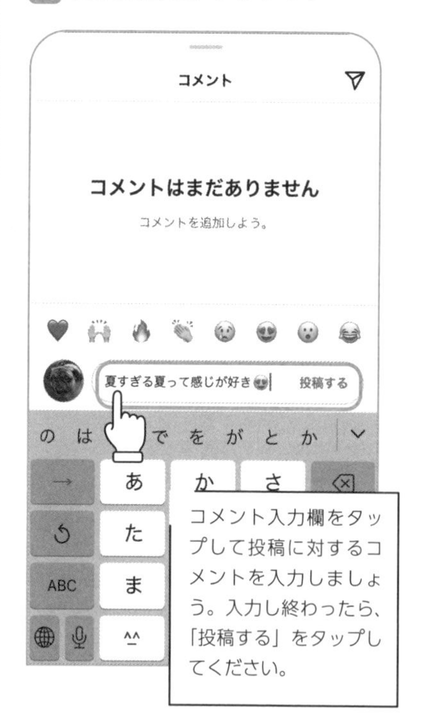

コメント入力欄をタップして投稿に対するコメントを入力しましょう。入力し終わったら、「投稿する」をタップしてください。

インスタグラム基礎編

「GIPHY」を貼り付ける

01 GIF マークをタップ

コメント入力欄の左端に表示されている「GIF」マークをタップしましょう。

02 GIPHY を検索

日本語でも自動翻訳されますが、英語での検索を推奨します。

気に入ったGIPHYがあったら、タップして選択して貼り付けます。

コメント欄の詳細

コメントに「いいね！」する

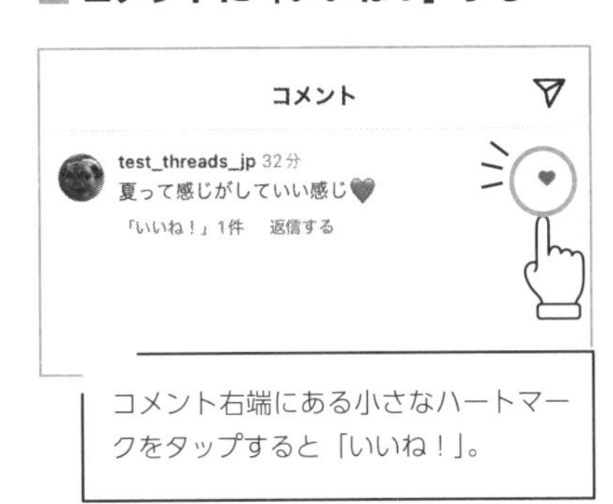

コメント右端にある小さなハートマークをタップすると「いいね！」。

コメントを右にスワイプ

コメント欄の右端を左側にスワイプすると、メニューが表示されます。矢印マークがコメントに対する返信です。自分の投稿を削除するには、右端のゴミ箱マークをタップして、削除を選択しましょう。

46 投稿を保存する コレクションを作成する

気に入った投稿を保存して、後から閲覧できます。ローカルにダウンロードするわけではなく、ブラウザでのブックマーク（お気に入り）のようなものになります。また、保存した投稿を分類してまとめて「コレクション」にすることもできます。保存したことは他のユーザーには公開されません。

01 投稿右下の保存ボタン

投稿右下の保存ボタンをタップするだけで、簡単に保存ができます。フォルダ分けしたい場合は「コレクションに保存」をタップ。

02 コレクション名を入力

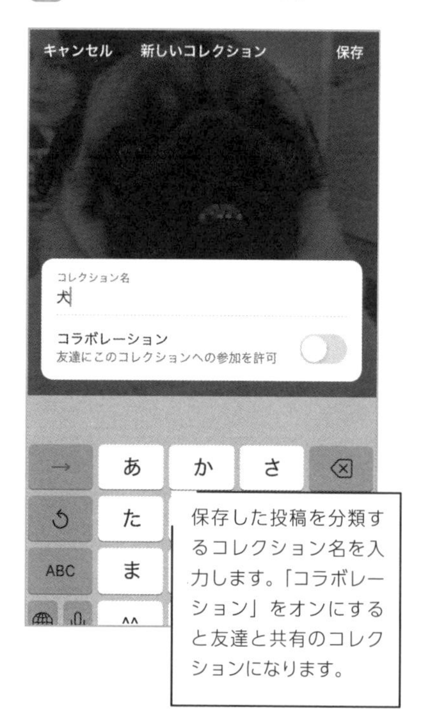

保存した投稿を分類するコレクション名を入力します。「コラボレーション」をオンにすると友達と共有のコレクションになります。

03 コレクションに直接保存も

一度コレクションを作成すると、保存の際に作成したコレクションに入れて保存することもできます。

04 プロフィール画面に移動する

保存した投稿、保存したコレクションを閲覧するには、プロフィール画面に移動します。アプリ右下のアカウントボタンをタップしましょう。

05 保存済みをタップ

右上三本線をタップし、メニューから「保存済み」をタップ。

06 保存した投稿が表示される

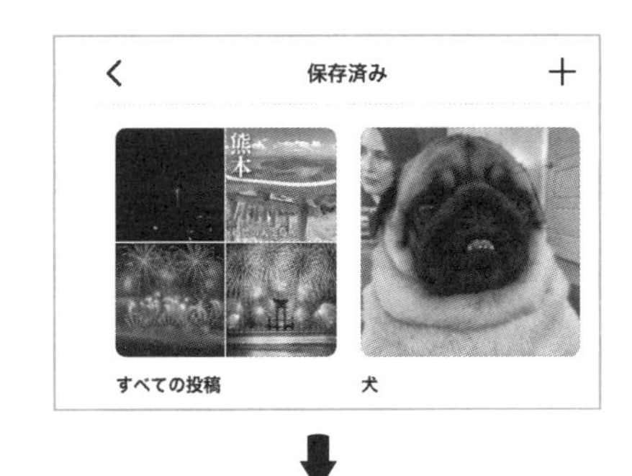

47 ダイレクトに連絡 メッセージを送信する

メールやLINEのようにInstagramユーザーに直接メッセージを送ることができます。他のユーザーにメッセージのやり取りが公開されることはありません。フォローしていないユーザーを検索してメッセージを送ることもできますが、まずは知り合いや相互フォローしている人に送りましょう。

01 相手のプロフィール画面

フォローしている人のプロフィール画面を開きます。画面上に「メッセージ」というボタンがあるので、そこをタップしましょう。

02 メッセージを入力する

メッセージ入力画面が開きます。この画面がチャット画面です。メッセージのやり取りなどが、ここに記録されていきます。

■ 送信できる内容

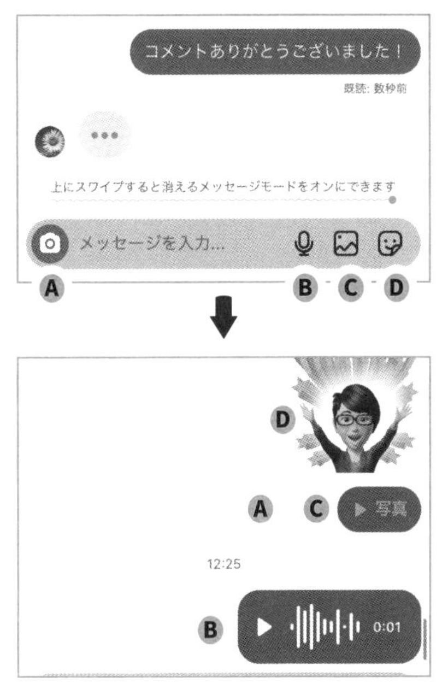

A その場でカメラを起動して写真送信

B 音声を録音して送信

C スマホ内の写真を送信

D 作成したアバタースタンプを送信

テキストだけでなく、アバタースタンプや写真、音声も送ることができます。

POINT

消えるメッセージモードとは

画面波線部のところに記載がありますが、メッセージ画面全体を上にスワイプすると、メッセージの履歴が残らない「消えるメッセージモード」になります。履歴を残したくないやり取りは、消えるメッセージモードで送信できます。

■ 検索してメッセージ

01 ホーム画面右上のアイコン

ホーム画面右上にある吹き出しマークのアイコンがメッセージボタンです。まずはここをタップしましょう。

02 表示画面をダブルタップ

メッセージを送信したい人を選択できます。上部の検索窓でID検索をして、メッセージの送信相手を選べます。

プロアカウントって何だ？

お店や企業の宣伝といったビジネス向け、インフルエンサーなどのクリエイター向けに「プロアカウント」というものがあります。無料でプロアカウントに変更ができるのが最大の特徴です。

ビジネスやクリエイター活動を行う個人や団体向けに提供されているアカウントタイプで無料でいつでもアカウント変更ができます。通常の個人アカウントとは異なる機能や設定が提供されています。ビジネスアカウントでは、連絡先を表示させることができ、「Instagram 広告」を出稿できます。クリエイターアカウントでは、作成した投稿を企業が広告として使える「ブランドコンテンツ広告」を利用できます。また、双方のアカウントとも「インサイト機能（分析ツール）」が使用でき、投稿のパフォーマンスやフォロワーの動向に関する詳細な分析データにアクセスできるようになります。お試しで切り替えてみることもできますが、プロアカウントでは非公開設定ができないので、フォロワーや親しい友達だけに向けての投稿などができなくなりますので、注意が必要です。

切り替えそのものは、とても簡単で「プロフィール画面」→「プロフィールを編集」から「プロアカウントに切り替える」をタップするだけです。タップした後は、プロフィールに表示するカテゴリなどを選択するだけです。

04

Instagram 投稿編

さぁ、いよいよ世界 10 億のユーザーに向けて、自身の写真・動画を投稿してみましょう。すでにスマホに保存している写真や動画は、すぐに投稿できるでしょう。ストーリーズやライブ配信といった、ちょっと小難しいと思われる投稿・配信もありますが、慣れてしまえばあとは簡単です。ここでは写真投稿、リール動画投稿、ストーリーズ、ライブ配信のやりかたを解説していきます。

48 Instagram 投稿で覚えておくべきこと

Instagram の投稿では、基本的には自分で撮った写真や動画を投稿していれば問題ありませんが、自分自身のプライバシーを守るため、個人情報や住所などの個人的な情報は公開しないように気をつけましょう。

虚偽の情報や誤解を招く投稿は避け、信頼性のある情報発信を心がけることも大事です。また、他人を傷つけるような攻撃的なコメントや差別的な表現は避け、ポジティブなコミュニケーションを大切にしてください。

ハッシュタグの使用においては、適切なものを選んで過剰に使用しないように気を付けましょう。スパムや不適切なコンテンツの拡散を防ぐため、注意深く選択しましょう。

投稿内容やコメントには自己表現や思いを込めることは大切ですが、自身や他人の安全を脅かすような情報は公開しないようにし、ネット上のマナーや礼儀を守りましょう。Instagram を楽しみながら、健全で建設的なコミュニケーションを心がければ、楽しいインスタライフとなります。

01 ガイドラインに違反しないものを投稿する

写真や動画は、自分で撮ったか、共有する権利を得ているもののみをシェアしてください。Instagramに投稿されたコンテンツは、投稿者の所有物です。 偽りのないコンテンツを投稿することを心がけ、インターネットからコピーまたは入手した、あなた自身が投稿する権利のないものは投稿しないでください。

02 個人が特定されるような位置情報、映り込みには気を付ける

非公開アカウントでリアルな友人とのやり取りに使用するのであれば別ですが、個人情報が特定されるような写真の投稿には気を付けましょう。家の近所が特定できる場所、よく投稿する位置から居住地が判明したりします。また、意外かもしれませんが、カメラに向かってのピースサインで指紋情報が盗まれることもあります。

03 投稿時の推奨サイズ 写真は正方形、動画は縦長

投稿形態で推奨サイズが変わります。初めのうちは縦横比だけ意識しておけば問題ないでしょう。

フィード投稿	正方形（1：1）	1080 × 1080 ピクセル
	横長（1.91：1）	1080 × 566 ピクセル
	縦長（4：5）	1080 × 1350 ピクセル
リール（動画） ストーリーズ	縦長（9：16）	1080 × 1920 ピクセル

04 投稿後に編集・修正できるのは「キャプション」「位置情報」「タグ」のみ

写真や動画は、一度投稿してしまうと写真･動画そのものの編集ができません。もうちょっとだけ明るくしたい、写ってはいけないものが写っていた、といった修正も、できなくなってしますので、投稿前にきちんとチェックをしましょう。投稿したものを削除して再投稿は可能です。投稿後に修正できるのは「キャプション」「位置情報」「タグ」のみです。

49 スマホ内にある写真を投稿してみよう

まずはスマホ内に保存してある写真を投稿してみましょう。Instagram 上で簡単に明るさ調整やフィルター加工が可能です。ちょっと凝った加工をしたい人は、編集機能を使って、オリジナルの写真加工処理もできます。まずはスマホ内にある写真を選択するところから始めます。

01「+」新規投稿ボタン

ホーム画面の最下部にある「+」が新規投稿ボタンです。「投稿(写真)」「ストーリーズ」「リール」「ライブ」。どの新規投稿もこのボタンから投稿ができます。

02 投稿内容を選択

新規投稿画面が開きます。最下部にあるメニューをスワイプすると、投稿種類を選択できます。今回は「投稿」を選択します。

インスタグラム投稿編

03 投稿する写真を選択

「最近の項目」はスマホ内のアルバム。タップすれば変更が可能です。

下段の写真表示エリアを上にスワイプすると、写真表示エリアが広がって投稿したい写真が探しやすくなります。

04 切り抜きボタンで自動カット

自動切り抜きボタンをタップすると、1.91：1の比率で切り抜かれます。再度タップすると、元に戻ります。「次へ」を押して編集画面に続きます。

CHECK

Instagram画像は正方形推奨？

Instagram公式が推奨しているサイズは4:5の縦長画像。しかし、実際にはどこに表示されるかによって、最適なサイズが異なります。自分のプロフィール画面にも投稿が並びますが、このプロフィール画面のグリッドへの表示が「正方形」のため、1：1の正方形が最適とされています。

50 スマホ内の写真を投稿する①フィルター加工

写真の照度をスワイプで調整できる「Lux」、風合いや色味などを一発変換する「フィルター」など、お手軽に効果抜群の加工を施す機能を使ってみましょう。フィルターは20種類以上あります。いろいろと実際にフィルターをかけてみて、写真に合ったものを探してください。

■ フィルターを選ぶ

Ⓐ Luxの調整

照度の調整ができます。－100から＋100までの幅で、色味を変更できます。

Ⓑ フィルターの適用

一番お手軽に写真の雰囲気を変えることができるのが、このフィルター機能です。スワイプしてフィルターを選択します。

Ⓑ フィルターをダブルタップ

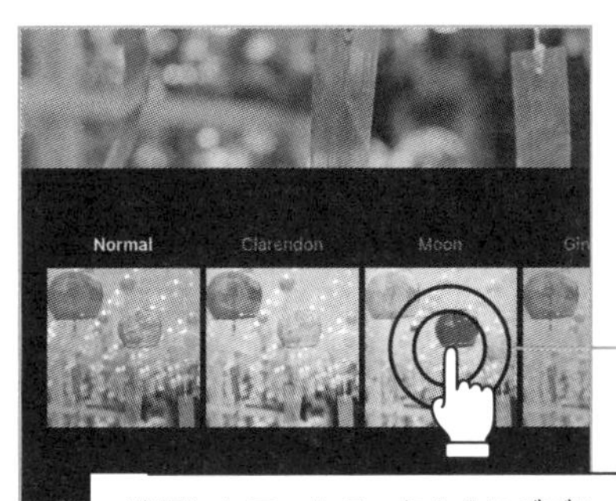

適用したフィルターをさらにダブルタップすると、フィルターのかけ具合を0～100で調整できます。

Ⓑ フィルターの調整

スワイプでフィルターをどれくらいの強さにするかを選択できます。

Ⓑ フィルターの移動

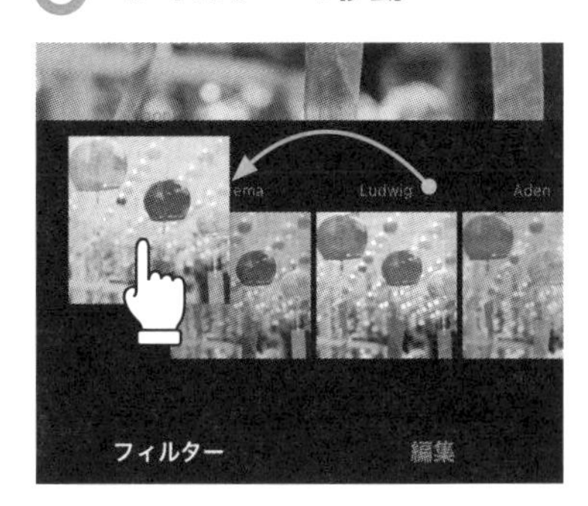

フィルターは並び替えが可能です。自分好みのフィルターや、よく使うフィルターを前に移動させましょう。

51 スマホ内の写真を投稿する②
オリジナル編集

前ページのフィルターは、さまざまな効果を一括で反映させるものでした。手軽に編集加工するにはフィルターでも十分でしたたが、ここではさらに詳細に加工ができる「編集」機能を使って、細かい設定を自身で行い、さらにこだわりの写真を制作してみましょう。

■ 編集画面から写真を編集する

右下にある「編集」をタップすると各種の編集ツールを起動できます。編集ツールは 20 種類以上あります。

C 編集ツールをスワイプ

「編集」をタップするとフィルターの代わりに各種ツールのアイコンが表示されます。

調整（傾き調整）

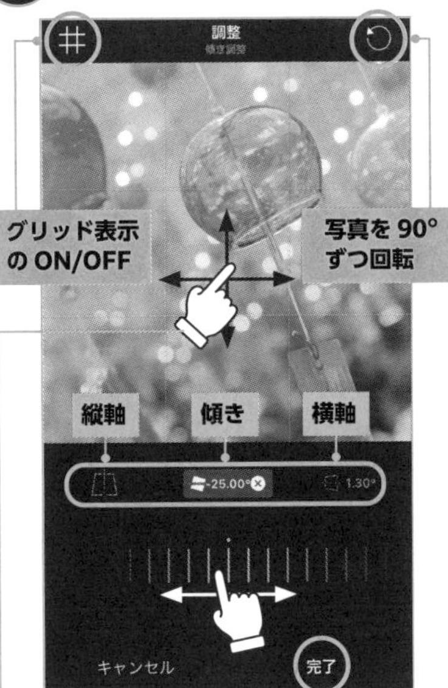

使用する頻度が高いこともあってか、先頭にあるのがこの「調整」。写真の傾きや歪みの調整ができます。修正したい軸や傾きをタップしてスワイプするだけです。完了で反映されます。

拡大・縮小もここで

画像をピンチイン・ピンチアウトで、写真を拡大・縮小し自由にトリミングできます。

明るさ

右側にバーをスライドさせると明るくなります。左側にスライドさせると暗さが増します。

コントラスト

右にスライドでコントラストをアップさせます。コントラストを下げるには左へスライド。

more view → 次ページに続きます

ストラクチャ

被写体や風景の輪郭をくっきり際立たせます。暗い部分をより暗くさせながら、くっきり鮮明にする機能です。

暖かさ

光の色の変化を数値で表した「色温度」「ホワイトバランス」の調整。バーを右にスライドすれば、写真が暖かそうになります。左にスライドすると寒そうなクールな写真になります。

彩度

「色合い」の鮮やかさを調整します。右にいくほどビビッドな色合いになり、左にいくほどくすんだ色合いになります。

色

シャドウ（暗い部分）とハイライト（明るい部分）に、特定色のカラーフィルターをかけることができる機能です。シャドウとハイライトに別々の「色」をのせることもできます。

インスタグラム投稿編

フェード

モヤがかった雰囲気の仕上がりになります。初期状態ではゼロになっており、右にスライドすればモヤの量が多くなります。

ハイライト

ハイライト（明るい部分）の調整。より明るくするのか、明るさを抑えるのかを調整することができます。

シャドウ

シャドウ（暗い部分）の調整。暗い部分を明るくしたいのなら右にバーをスライド。暗くしたいなら左にスライドします。

ビネット

写真の四隅を黒くします。オールド感を演出できます。初期状態ではゼロになっており、右にスライドしかできません。

ティルトシフト

指定した一部分だけにボカシをかける機能です。円形と直線の2種類から効果を選べます。ピンチイン・ピンチアウトで選択範囲の大きさが変更できます。

シャープ

写真にうつっているものの輪郭をすべてくっきりさせます。初期状態ではゼロになっており、右にスライドしかできません。

52 スマホ内の写真を投稿する③ キャプション（ハッシュタグ）

Instagramでの投稿では、写真などの説明文として「キャプション」を入力できます。最大で2200文字のテキストを入力できます。また、ユーザーが検索などで見つけやすいように、写真にハッシュタグを付けます。各ハッシュタグごとの投稿数が表示されるので参考にしましょう。

01 写真加工が終わったら「完了」

写真の加工・修正が終了したら最上部右上の「完了」ボタンをタップしましょう。

02 キャプションをタップ

新規投稿　シェア
キャプションを入力...
タグ付け
共有範囲　すべての人
場所を追加
Tokyo, Japan　サンシャイン水族館-Sunshine Aq...
音楽を追加
Summer・久石 譲　青と夏・Mrs. GREEN APPLE
他のInstagramアカウントに投稿

新規投稿画面になります。最上部の「キャプションを入力…」のエリアをタップします。

03 写真の説明を入力

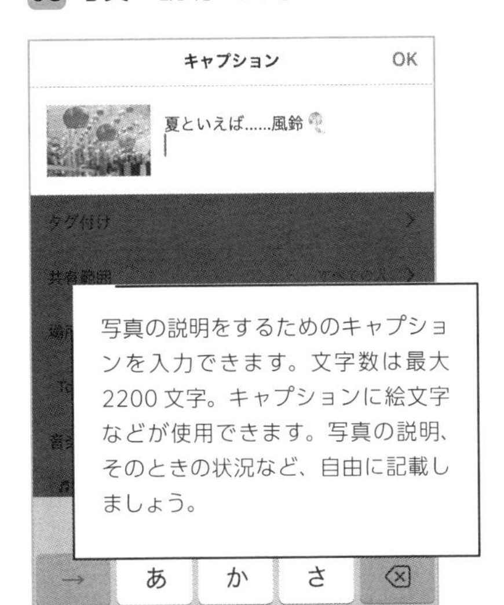

写真の説明をするためのキャプションを入力できます。文字数は最大2200文字。キャプションに絵文字などが使用できます。写真の説明、そのときの状況など、自由に記載しましょう。

04 ハッシュタグをつける

「#」を入力してからハッシュタグを付けます。最大で30個まで付けることができます。「#」に続いて文字を入力すると、自動的に流行のハッシュタグを表示してくれます。

05 関連性のあるハッシュタグにする

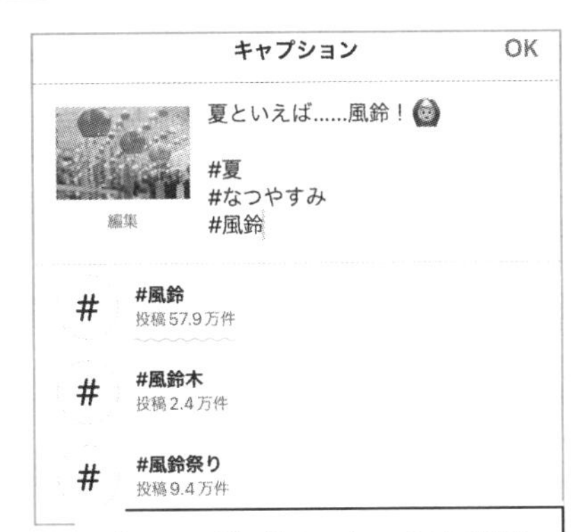

他のユーザーはハッシュタグで検索するので、投稿数から人気のあるタグかどうか推測しながら写真と関連性のあるものを選択しましょう。

06 フィードからはこう見える

フィードに投稿されるとこのように表示されます。写真のように2行以上改行を入れたい場合は、「スペース＋改行」で可能です。

53 スマホ内の写真を投稿する④ タグ付け

「タグ」とは投稿した写真や動画に関連する Instagram アカウントを表示して紐付ける機能です。ハッシュタグと混同されることがありますが、全くの別物です。同じ投稿に写っている友人にタグ付けするだけでなく、着ている洋服やお店などにタグ付けする使い方をします。

01 新規投稿画面から「タグ付け」

写真加工後の最終投稿前画面の「新規投稿」。キャプションの下に「タグ付け」の表示があるのでタップしましょう。

02 キャプションをタップ

写真をタップするとタグ付けとなります。写真をタップ。場所はどこでも問題ありません。

03 アカウント名を検索

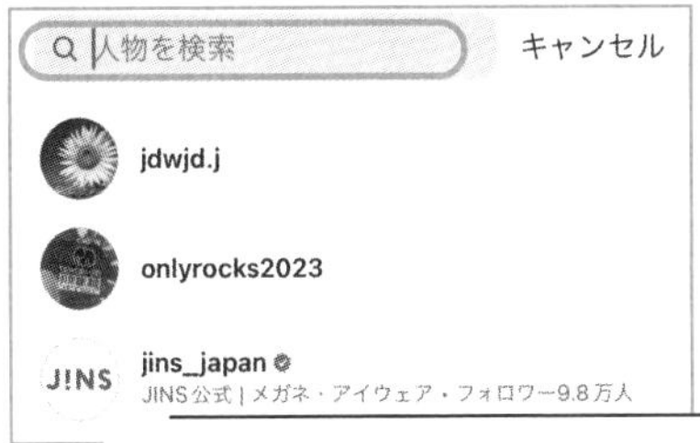

画面上部に検索窓が表示されます。タグ付けしたいユーザー名を検索しましょう。名前での検索も可能です。

04 タグの場所を決める

写真上にタグを付ける場所をスワイプして決めます。タグ付けをすると、タグ付けをしたユーザーには「お知らせ」が届きます。

05 共同投稿者

共同投稿者に指定し、相手が承認すると、そのアカウントも投稿者として表示され、そのフォロワーにも投稿がシェアされます。上部の検索窓から共同投稿者をお願いしたいアカウントを検索します。

06 投稿者名が共同になる

共同投稿者になれるのは2名のみ。複数に共同投稿者の招待を送った場合は、一番最後に承認したユーザー名が表示されることになります。

54 スマホ内の写真を投稿する⑤ 場所を追加／音楽を追加

投稿には「場所」を追加できます。場所で検索して閲覧するユーザーが多いので、追加するとより閲覧数が増えます。また、人気のJ-POPなどをBGMとして流すように設定できます。ライブラリにある楽曲はInstagramが契約しており、著作権的な問題はないので安心して使用できます。

01 新規投稿画面「場所を追加」

「新規投稿」から「場所の追加」をタップしましょう。位置情報などから、すでにおすすめの場所が表示されている場合もあります。このおすすめ場所ボタンをタップするだけでも場所が追加されます。

02 キャプションをタップ

画面左上の位置情報ボタンをタップすると、GPSから周辺の場所候補を表示します。今回は過去に撮ったスマホ内の写真なので、検索窓からキーワードを入力して選択します。

インスタグラム投稿編

03「音楽を追加」をタップ

場所が追加されていることを確認したら、音楽を付けたい人は「音楽を追加」をタップ。

04 音楽を選択する

おすすめには、現在人気の曲が表示されます。特定の音楽を付けたい場合は、検索窓から楽曲名を検索してみましょう。

05 再生秒数と再生場所を選択

1 クリップの長さ

5 秒～ 90 秒の間でクリップの長さを選択できます。

クリップの長さを選択してください
14秒
15秒
16秒

2 スワイプで流す場所を選ぶ

音楽が再生されます。流したい音楽の始まり部分をスワイプして決定します。なお、再生バーに表示されている赤い丸は曲のサビや人気のあるパートを示しています。

再生場所を決定したら、右上の「完了」をタップしましょう。

55 スマホ内の写真を投稿する⑥ 下書きの管理方法

投稿する前に、ここまでの写真加工やキャプション記入などの状態を保存しておけます。写真加工やキャプションの追加など、何らかの編集作業をしていないと保存はできません。また、下書き保存の最大枚数は10枚までとなっています。下書きは投稿すると自動的に消えます。

01 新規投稿画面「<」

新規投稿画面の右上、「シェア」ボタンを押すと全世界に向けて投稿となります。その前に投稿を下書き保存してみましょう。まずは左上の「<」をタップしてください。

02 さらに「<」をタップ

編集画面まで戻ります。さらに「<」をタップ。アラートが出てくるので「下書きを保存」を選ぶと下書き保存できます。

下書きの管理

写真選択画面に「下書き」が表示されるようになりました。「下書き」をタップすると保存された下書きが表示されます。
右上の「次へ」を選択すると、新規投稿画面に移ります。

下書きを上下にスワイプ、右端に表示されている「管理」をタップ

新規投稿画面に戻る

新規投稿　シェア
最高の花火
#はなび
タグ付け　2人
共有範囲　すべての人
隅田川テラス
28.6km · 中央区, 東京都
打上花火
DAOKO, 米津玄師

下書きの管理

右上の「編集」で下書きを選択できるようになり、「破棄」画面となります。削除したい下書きを選択して「完了」をタップすれば削除できます。

56 スマホ内の写真を投稿する⑦ 投稿（シェア）する

新規投稿画面で「シェア」をタップすれば投稿完了です。投稿をシェアする範囲を設定できる「共有範囲」。投稿のコメント可否などを設定できる「詳細設定」。このふたつを確認してから投稿しましょう。

01「シェア」で投稿の前に

右上の「シェア」をタップするとフィード投稿されます。その前に「共有範囲」と「詳細設定」を確認しておきましょう。

02「共有範囲」を設定する

「共有範囲」を設定できます。初期設定では全員へのシェアとなっています。全員というのは全世界と同義です。公開範囲を限定したい場合は「親しい友達」を選択しましょう。

03 親しい友達リスト

検索窓から投稿を公開したいユーザー名を入力して検索しましょう。フォローをしていれば自動的におすすめに表示されることもあります。

CHECK

親しい友達リストの管理

ここで設定した「親しい友達」はアカウントに保存されます。プロフィール画面から右上の三本線をタップ→「親しい友達」を選択するとリストの追加・管理ができます。

04 詳細設定

① 「いいね！」数とビュー数

閲覧者に「いいね！」とビュー数を公開するかどうかを設定。非公開でも投稿者である自身には数は分かります。

② コメントをオフ

他のユーザーがコメントを残すのを許可しない設定です。

③ Facebookでシェア

Facebookと連携している場合は、Instagramの投稿をFacebookにも同時投稿する設定。

57 投稿後にできること①
投稿後の加筆・修正・設定

投稿した写真の加工・修正はできませんが、「キャプション」「タグ情報」「位置情報」については加筆・修正が可能です。投稿自体のコメントオフなどの設定は、投稿後に再設定ができます。お気に入りの投稿をプロフィール画面の最上部にピン留めするのもここで行います。

01 プロフィール画面を表示

自分のプロフィール画面から編集したい投稿をタップ。

02 詳細ボタンをタップ

編集したい投稿を表示したら、投稿右上の「…」詳細ボタンをタップしましょう。この投稿に対する詳細メニューが表示されます。

インスタグラム投稿編

03 投稿後の写真にできること

1 リミックスとシーケンスをオフにする

リミックスとは、他のユーザーが投稿を引用して使用できる機能です。リミックスをオフにすると、他のユーザーが自分の投稿を引用できなくなります。

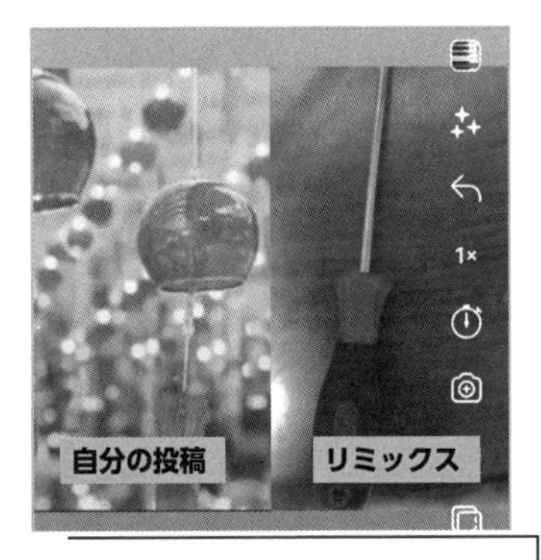

主に流行のダンスなどの（コラボ）動画に使用されますが、写真でもリミックスができます。引用されたくない人はオフにしましょう。

2 アーカイブする

投稿を他のユーザーから非公開にして、アーカイブに保存する機能です。再公開はいつでも可能です。削除してしまうほどではない投稿は、ここで非公開処理するのがおすすめです。

3 「いいね！」数を非表示

閲覧者に「いいね！」とビュー数を公開するかどうかを設定。投稿者である自身には数は分かります。

4 コメントをオフ

他のユーザーがコメントを残すことを許可しない設定です。

5 編集

ハッシュタグを含むキャプションの変更ができます。位置情報もここから。

6 プロフィールに固定

投稿をプロフィール画面に並ぶ過去の投稿画面の最上部に固定できます。自身のお気に入りの投稿や「いいね！」がたくさんついた投稿など、好きなものを上部にもっていきましょう。

7 他のアプリに投稿…

Facebookに投稿するほか、メールでの送信もできます。

8 QRコード

投稿のQRコードを作成できます。

9 削除

投稿を削除します。Instagramに30日間保存されているので、期間内であればもとに戻すことができます。

58 投稿後にできること②
投稿のアーカイブ・削除設定

投稿済みのものを他人から閲覧できなくするには、「アーカイブ」と「削除」があります。アーカイブとは、投稿を他のユーザーが閲覧できないよう、非公開状態にできる機能です。削除した投稿も 30 日以内であれば、投稿を復活させることができます。

01 プロフィール画面を表示

プロフィール画面右上の三本線を選択して設定を開こう。

02 アクティビティをタップ

設定メニューが開きます。この中から、「アクティビティ」を選択してください。

03 アクティビテイを表示

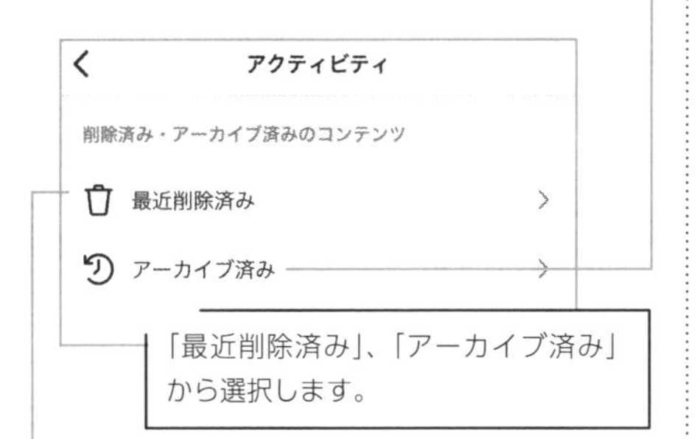

「最近削除済み」、「アーカイブ済み」から選択します。

削除済み投稿の一覧

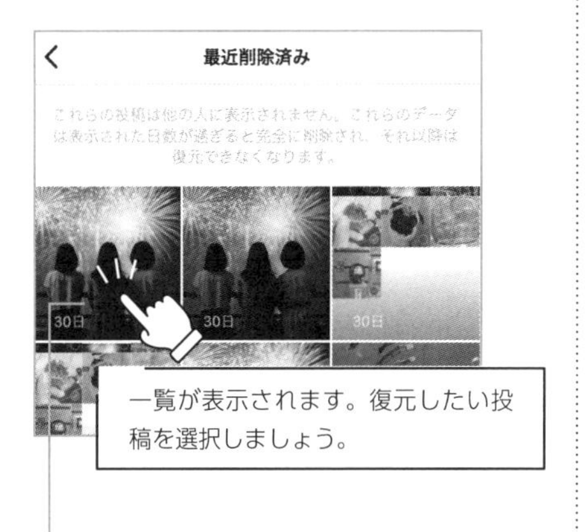

一覧が表示されます。復元したい投稿を選択しましょう。

削除済み投稿の復元

投稿の右上、設定ボタンをタップ。「復元する」をタップでOK。

アーカイブを投稿に表示

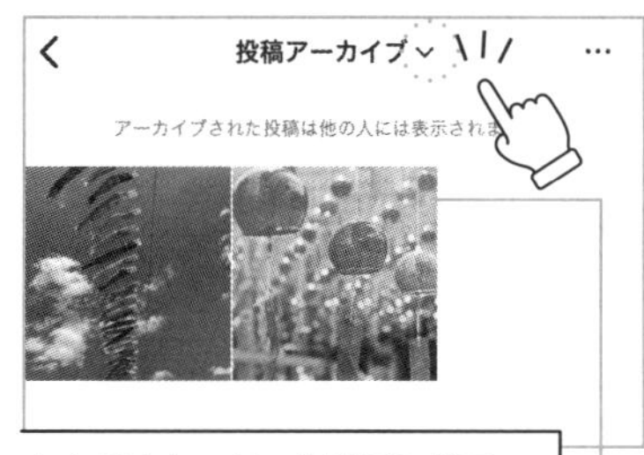

「﹀」を押すと、リール動画などアーカイブした種類が選択ができます。

プロフィールに表示

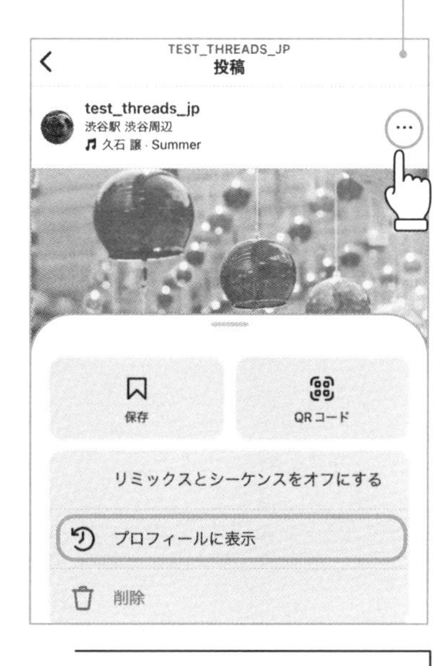

「アーカイブ済み」を選択すると、アーカイブにした投稿が一覧表示されます。投稿に表示したい写真を選択します。投稿画面が開いてから、右上の設定ボタンをタップ。メニューが開くので、「プロフィールに表示」を選択すればOKです。

59 投稿方法①
複数枚の投稿

1度の投稿に最大10枚まで複数の写真や動画をまとめることができます。写真と動画を一緒に投稿することも可能です。複数投稿する場合は、すべての写真・動画で同じフィルターをかけてトーンを統一するのがおすすめです。

01 新規投稿→複数選択

「新規投稿」から複数選択ボタンをタップ。下段の写真エリアから、複数でまとめて投稿したいものを選択します。選んだ順番で並びます。

02 フィルターをかける

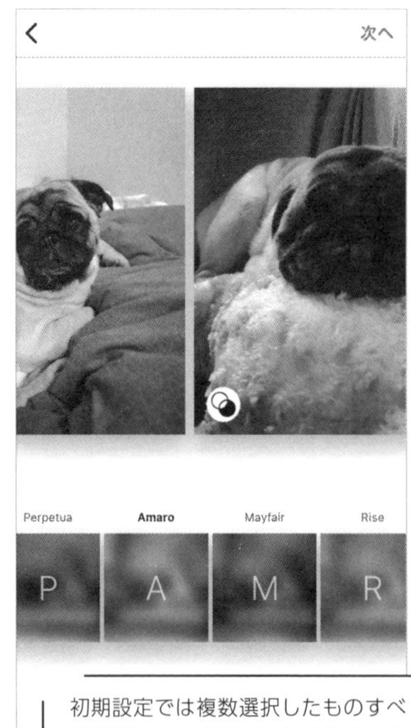

初期設定では複数選択したものすべてが同じフィルターになる仕様。個別で別処理もできます。複数選択は動画と写真を混ぜることもできます。

60 投稿方法②
その場で撮影し投稿

カメラを起動して、その場で撮影して投稿もできます。カメラで撮影した写真はスマホに保存されます。また、撮影時にはInstagramに最適な画角となるように、正方形への切り抜きが見た目で分かるようになっています。

01 新規投稿→カメラ起動

新規投稿からカメラボタンをタップするとカメラが起動します。撮影画面は予めInstagram推奨比率が分かりやすくなっています。

02 スマホのカメラが起動

撮影ボタンを長押しすると、動画の撮影になります。

61 日常の体験をシェアするストーリーズの投稿

ストーリーズは、ユーザーが一時的な写真や動画を投稿するための機能です。これは、他のユーザーとのコミュニケーションや情報共有を促進するためのツールとして提供されています。ストーリーズは、プロフィールのトップに表示される水平のスライドショー形式のコンテンツで、投稿されてから 24 時間が経過すると自動的に消える特徴があります。一時的なコンテンツ、日常を切り取った瞬間・体験をシェアするための手段として利用されます。

ストーリーズでは、テキスト、絵文字、ステッカー、フィルター、手書きの描画などを使用してクリエイティブな表現ができます。写真と動画はまとめてスライドショー表示されます。動画はひとつにつき 15 秒までで、最大 60 秒となります。 これは 15 秒の動画を 4 つ、合計 60 秒まで投稿できるという仕組みです。1 本 30 秒の動画を投稿しようとした場合、15 秒ずつの動画に自動分割されます。

基本的に 24 時間後に消えるものですが、「ハイライト」という機能を使うことで、保存しておくことが可能です。 ハイライトはプロフィールに表示されます。

01 ホーム画面の「+」

ホーム画面、自身のプロフィールアイコンにある「+」を選択。

02 ストーリーズに追加

「ストーリーズに追加」が開きます。右上の選択ボタンをタップ。

03 シェアする写真・動画を選択

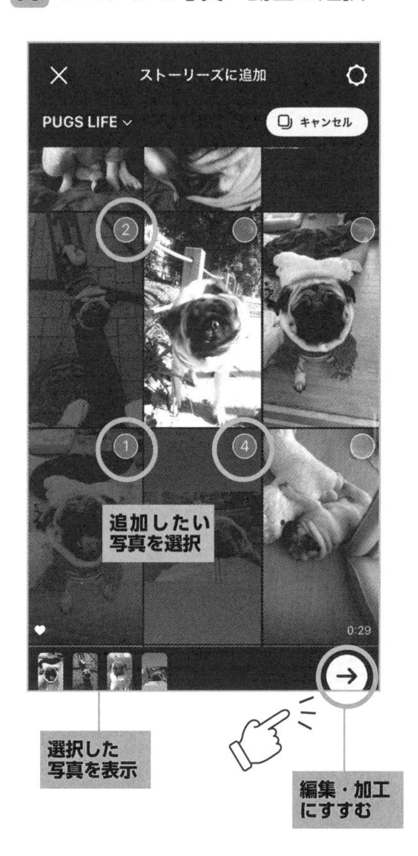

サムネイル画面から、ストーリーズに追加したい写真・動画を選択します。選択できるのは最大で 10 枚までです。ひとつのストーリーズに投稿できる数もフィード投稿と同様に、写真と動画を合わせて最大 10 枚までです。 1 度に複数枚投稿した場合は、数秒ごとに画面が切り替わります。もちろん、1 枚だけの写真でも、ひとつの動画でのストーリーズ投稿も問題ありません。

more view → 次ページに続きます

62 日常の体験をシェアするストーリーズを作成する

ストーリーズの特徴は、文字の入力やさまざまな動的フィルターなど、動きのあるクリエイティブな投稿の作成ができることです。ここでは基礎的なストーリーズの作成方法を学んでいきましょう。

01 ストーリーズ編集画面

1 文字の挿入
写真や動画に自由に文字を挿入。

2 タグ・シールなど貼り付け
タグやメンション、GIPHY、アバターなどを貼り付けてデコレーション。

3 動的フィルター
動くフィルターを全体にかけます。さまざまな効果があります。

4 落書き／保存
画面をなぞって自由に落書きできます。また、下書き保存もここからです。

5 ストーリーズに投稿
タップすると、ストーリーズに投稿します。

6 親しい友達リストに投稿
親しい友達リストのみに投稿します。

7 シェアの選択
ストーリーズ／親しい友達／メッセージなどを選択して投稿できます。

1 Aa 文字の挿入

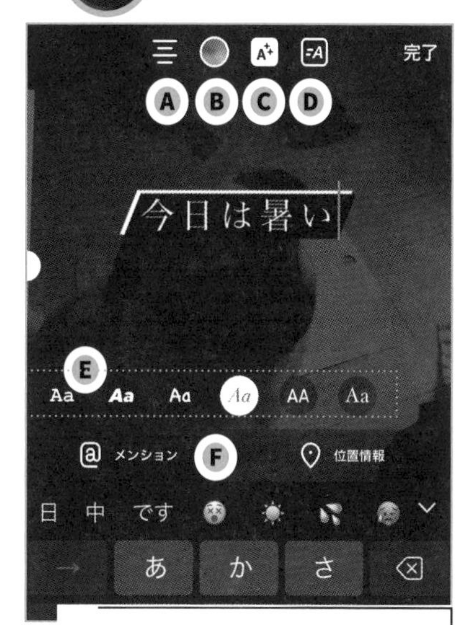

写真や動画に文字を挿入できます。フォントの変更やアニメーションなどさまざまな処理ができます。自由にデコレーションしましょう。

- A 文字揃えの選択
- B 文字の色
- C 文字の装飾
- D 文字のアニメーション
- E フォントの種類を選択
- F メンション／位置情報の挿入

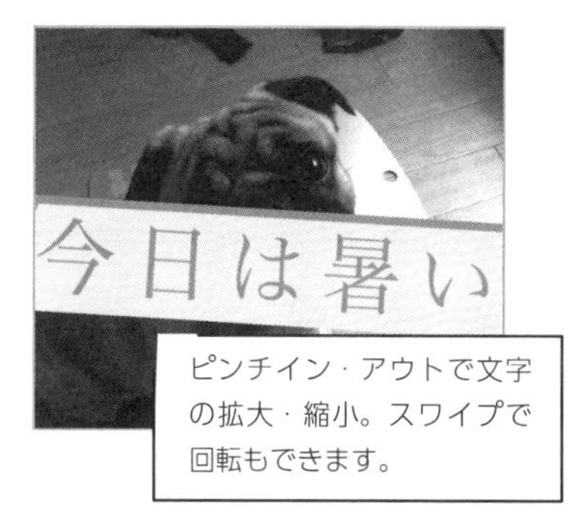

ピンチイン・アウトで文字の拡大・縮小。スワイプで回転もできます。

2 タグなどの貼り付け

位置情報やハッシュタグ、アバターなどを選択して、投稿に貼り付けることができます。音楽もここから設定が可能です。

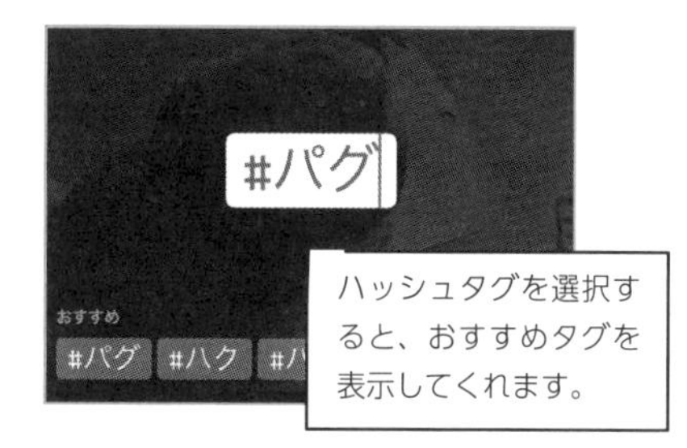

ハッシュタグを選択すると、おすすめタグを表示してくれます。

「アンケート」「質問」というリアクションエリアも付けられます。

3 動的フィルター

写真や動画全体に動的なフィルターをかけることができます。下段のアイコンから選択。25 種類以上あります。いろいろと試してみましょう。

ワンタップで印象がガラッと変わるフィルターばかりです。

4 落書き／保存

「落書き」を選択すると、指でなぞっていろいろと描き込めます。

- A ペンの描き込み
- B 矢印の描き込み
- C サインペンの描き込み
- D ネオンペンの描き込み
- E 消しゴム
- F カラーの選択

まずはいろいろと試して、描き込みをしてみましょう。

CHECK

追加したアイテムの削除

文字、ハッシュタグ、位置情報、アバターなど配置したアイテムを削除したい場合は、削除したいアイテムを長押しながら、下段にスワイプしてください。ゴミ箱ボタンが出現するので、そこにドロップすれば削除できます。

「保存」すると下書き保存

「保存」を選択すると、「下書き」と保存することができます。

ストーリーズに投稿

「ストーリーズ」「親しい友達」をタップすると、即時にアップロードが始まり投稿されます。手早くシェアしたい場合に使いましょう。

シェアの確認

「→」を選択すると、シェアメニューが表示されます。どこに投稿するかを選択することができます。メッセージを選択すると公開相手を選択できます。

63 ストーリーズの投稿後ハイライト表示／閲覧確認

24時間後に表示されなくなってしまうストーリーズですが、「ハイライト」という設定をすることで、プロフィール画面にストーリーズを固定表示することができます。自己紹介文の下に丸い枠で表示されます。お気に入りのストーリーズなどをハイライトしましょう。

01 プロフィールアイコン

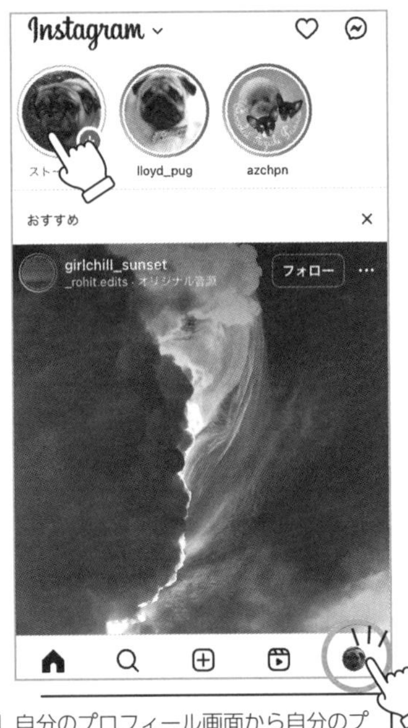

自分のプロフィール画面から自分のプロフィールアイコンをタップ。

02 詳細ボタンをタップ

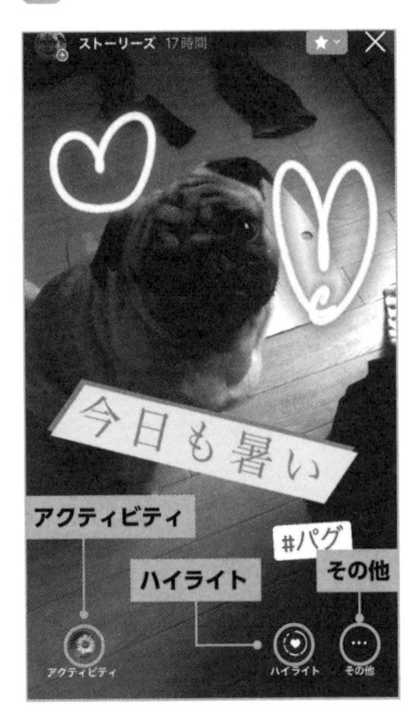

自分のストーリーズが表示されます。最下部のボタン選んでタップ。

03 アクティビティ（閲覧者確認）

「アクティビティ」では、自分のストーリーズを閲覧してくれたユーザーが表示されます。また、ゴミ箱マークでストーリーズを削除できます。

04 ハイライト

24時間で消えるストーリーズですが、プロフィールに表示しておきたいものを「ハイライト」として保存・表示することができます。

05 ハイライトの表示

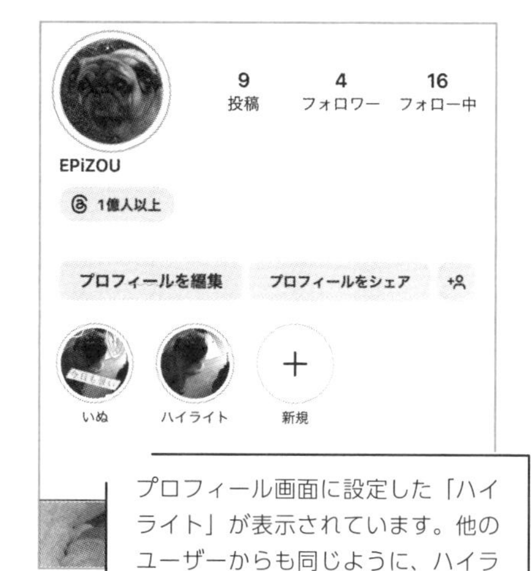

プロフィール画面に設定した「ハイライト」が表示されています。他のユーザーからも同じように、ハイライトは閲覧できます。

06 その他（ストーリーズ設定）

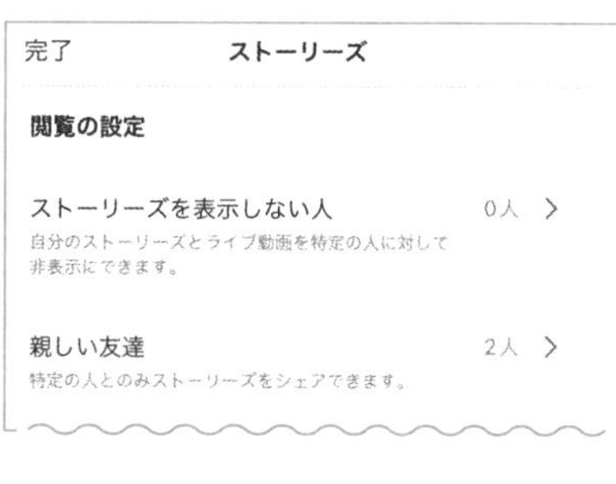

「その他」からストーリーズに対するさまざまな個別設定ができます。
保存の「ストーリーズをカメラロールに保存」をONにすると、自分のスマホ内に保存できます。

64 写真・動画を編集してリール投稿する

複数枚の写真をスライドショーにしたり、動画を加工したりしてリール（動画）を作成して投稿してみましょう。リールは最大で90秒までのショート動画となります。単体の動画を加工して投稿するもよし、複数の写真・動画を組み合わせて加工編集して1本にしても構いません。

01 投稿ボタンをタップ

ホーム画面最下部の「+」、新規投稿ボタンをタップします。

02「リール」を選択

下段で「リール」を選択して、スマホ内の写真または動画を選択します。

インスタグラム投稿編

03 選択した動画の簡易編集

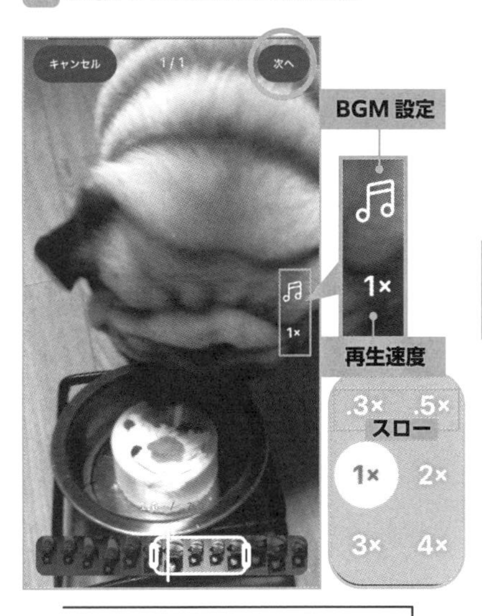

動画を選択すると、簡易編集画面になります。ここでは　再生速度の設定と BGM 設定ができます。「次へ」で加工画面になります。

04 フィルターなど加工処理

ストーリーズでも使用したエフェクトなどをかけることができます。動画の場合は左下の「動画を編集」をタップします。

05 動画を編集

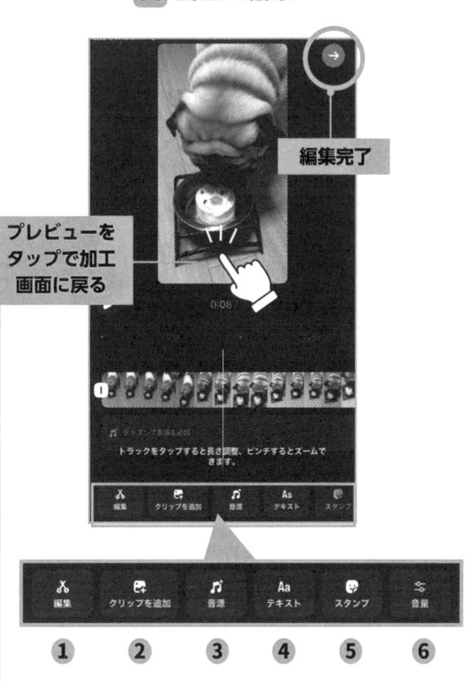

1 2 3 4 5 6

1 編集
「速度」「分割」「セクション調整」「差し替える」など。動画を分割したり、不要部分のカットなどはここから。

2 クリップを追加
他の写真や動画を追加できます。最大 90 秒以内に収めましょう。

3 音源
BGM を選択します。117 ページの音楽設定を参照してください。

4 テキスト　5 スタンプ
テキスト、スタンプを動画に追加することができます。

6 音量
元動画に入っている音声の音量調整。

more view → 次ページに続きます

06 カメラ音源の設定

音量

6

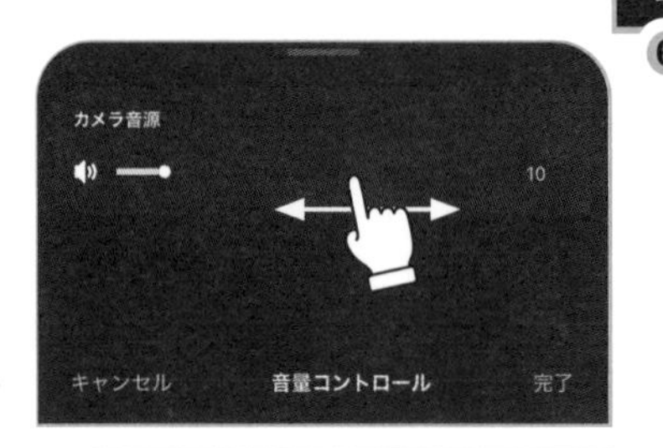

⑥「音量」は、動画内に収録されているカメラ音源の音量調整です。スライドでゼロにすれば、動画内の音声はミュートされます。

07 シェアボタンで投稿

投稿直前にカバー（プロフィールグリッドの画面とリール画面で表示）、キャプションやトピック（人気ハッシュタグ）、場所の追加などを設定しましょう。「シェア」をタップで投稿完了です。

カバーを編集

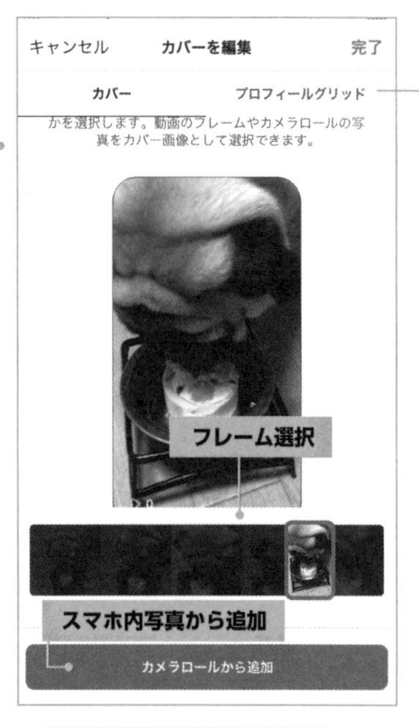

プロフィールグリッド

プロフィールグリッド上の表示を調整できます。

トピック

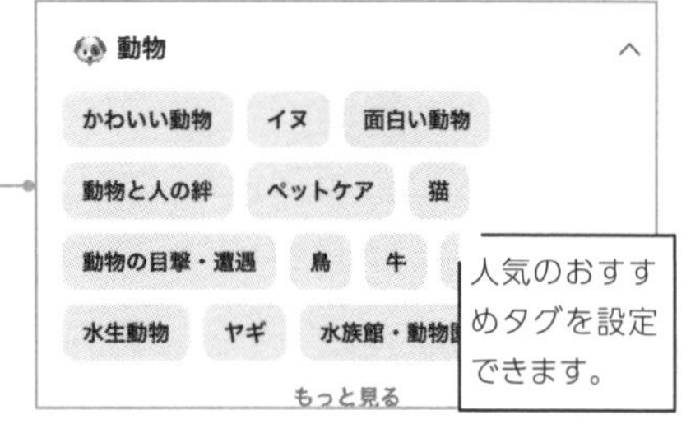

人気のおすすめタグを設定できます。

インスタグラム投稿編

テンプレートで作成

01「リール」を選択

「テンプレート」を使用すると、他のユーザーが編集したリールを下敷きにして、自分の写真で作成できます。手軽に『映える』リールとなります。

02「リール」を選択

「テンプレート」をタップすると、「おすすめ」「トレンド中」のテンプレートがプレビュー表示されます。気に入ったものを選択しましょう。

03「リール」を選択

BGM に合わせて、写真や動画の表示秒数が設定されています。タップして自身の写真・動画を選択するだけで凝ったリールが完成します。

65 ストーリーズ／リール動画を その場で撮影して投稿

Instagram からスマホカメラを起動して、その場で撮影・加工、ストーリーズ／リール投稿することができます。さまざまな機能がありますが、基本的にはこれまでのフィルター加工や編集と同じです。その場で撮影することで、すぐに Instagram に投稿できるメリットを生かしましょう。

01 投稿ボタンをタップ

ホーム画面、自身のプロフィールアイコンにある「+」を選択。

02 下段のメニューから選択

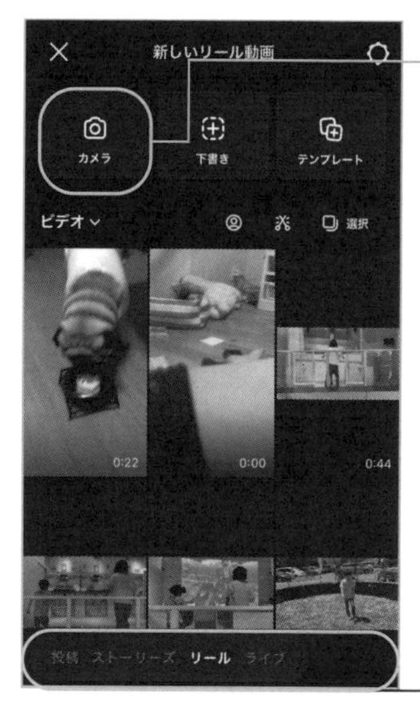

ストーリーズを選ぶとカメラが起動。リールの場合は、選択した後に上部の「カメラ」ボタンをタップしましょう。

インスタグラム投稿編

ストーリーズ

1 作成する
テキストの入力、カード、アバターなどのGIFを挿入した1枚を作成できます。

2 ブーメラン
短い動画をループさせる動画を作成できます。

3 レイアウト
画面レイアウトを設定できます。

4 ハンズフリー
撮影ボタンを押さなくても指を放して動画を撮影できる機能です。

5 デュアル
インカメラも同時に撮影できます。

上にスワイプでズーム
長押しをすることで動画撮影となります。録画ボタンを上方向にスワイプでズーム撮影となります。

リール

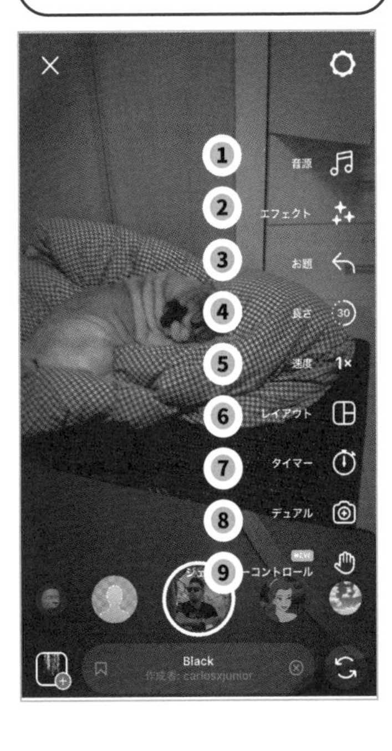

1 音源 BGMを設定できます。

2 エフェクト 撮影動画にエフェクトをかけます。

3 お題
お題の一覧が表示されます。お題に沿ったリールを作成する遊び方です。

4 長さ
15秒、30秒、60秒、90秒から選択。

5 速度 撮影速度を選択できます。

6 レイアウト 撮影画面を分割することができます。

7 タイマー 撮影開始タイミングなどを設定。

8 デュアル インカメラも同時に撮影できます。

9 ジェスチャーコントロール
ジェスチャー（手を挙げる）ことで録画を開始したり、停止させることができます。

66 自分でライブ配信する 他人のライブ配信を見る

ライブ配信しているアカウントの検索などはできないため、基本的には、フォローしているアカウントのライブ配信告知を把握してから見ることになります。また、自分で行う配信は配信ボタンをタップするだけで簡単です。

自分でライブ配信する

ライブ配信は、配信開始ボタンをタップするだけで簡単に始めることができます。

❶ タイトル入力
配信のタイトルを入力できます。

❷ ライブ配信の共有範囲
ここでライブ配信の練習を選択すると、公開せずに配信練習ができます。コラボ相手との練習配信も可能です。

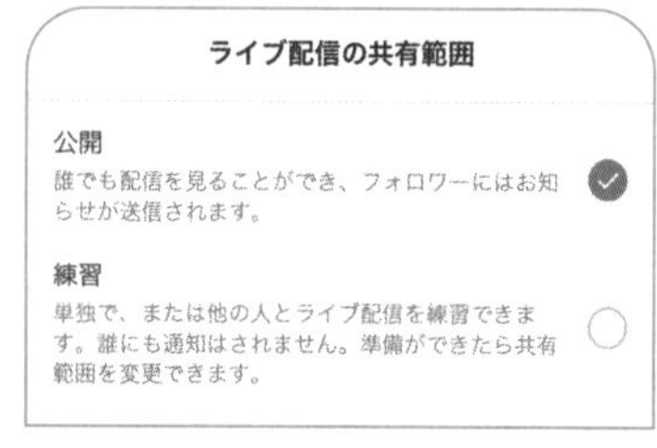

❸ 配信スケジュール告知
ライブ配信を行う日時を指定できます。フォロワーにリマインダーを送信します。また、配信予定日時がプロフィールに表示されます。

他人のライブ配信を見る

01 ライブ配信告知を確認

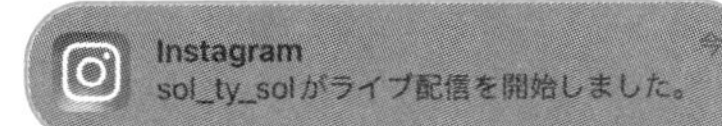

フォロワーに通知される設定であれば、通知がきます。ホーム画面のアイコンに「LIVE」の表示があればライブ配信中です。アイコンをタップしましょう。

02 参加リクエストはしなくて OK

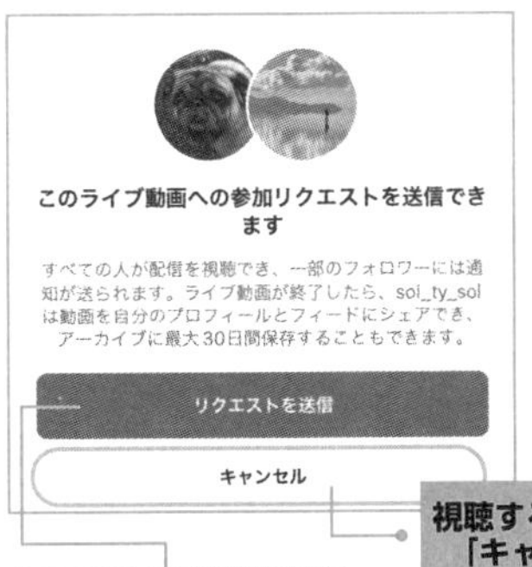

視聴するだけなら「キャンセル」

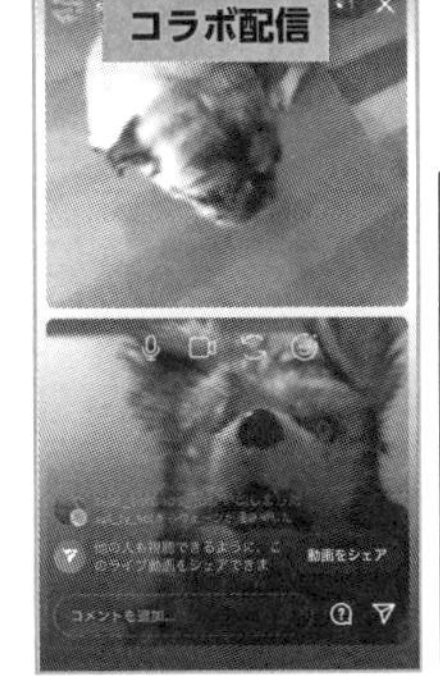

ライブ配信に参加する前に、コラボ配信のリクエスト画面になります。視聴するだけなら「キャンセル」をタップしましょう。

03 ライブ配信を見る

1 コメント入力
コメントを入力できます。

2 コラボ参加リクエスト
コラボ参加リクエストの送信です。

3 質問
配信者に質問を送ることができます。

4 シェア
この配信を友人にお知らせします。

5 いいね（絵文字）
絵文字で配信を盛り上げます。

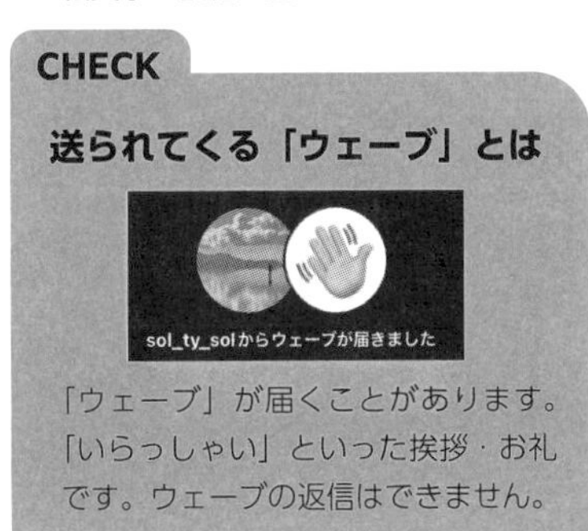

CHECK

送られてくる「ウェーブ」とは

sol_ty_solからウェーブが届きました

「ウェーブ」が届くことがあります。「いらっしゃい」といった挨拶・お礼です。ウェーブの返信はできません。

すぐできる! よくわかる!

Threads(スレッズ) & Instagram(インスタグラム) 入門(にゅうもん)

2023年10月3日　第1刷発行

制　作　合同会社バクランテ

発行人　永田和泉

発行所　株式会社イースト・プレス
〒101-0051
東京都千代田区神田神保町2-4-7久月神田ビル
Tel.03-5213-4700／Fax.03-5213-4701
https://www.eastpress.co.jp

印刷所　中央精版印刷株式会社

ISBN 978-4-7816-2256-9

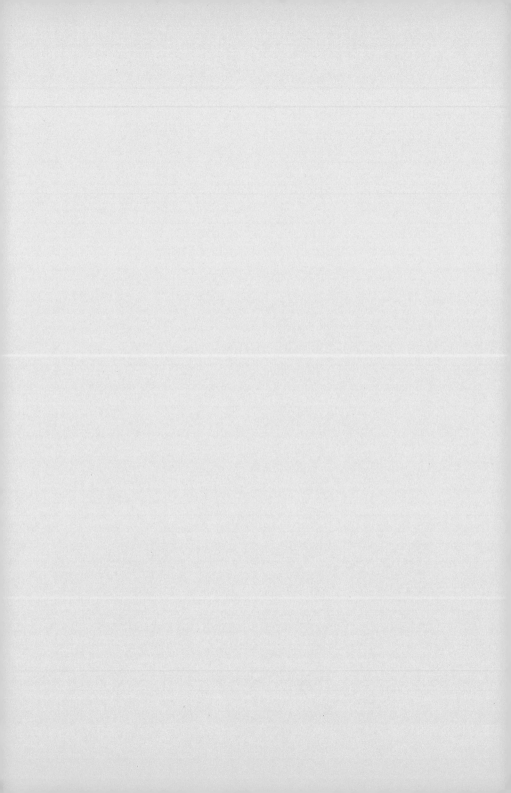